知識ゼロからの IoT 入門

Internet of Things

高安篤史
中小企業診断士

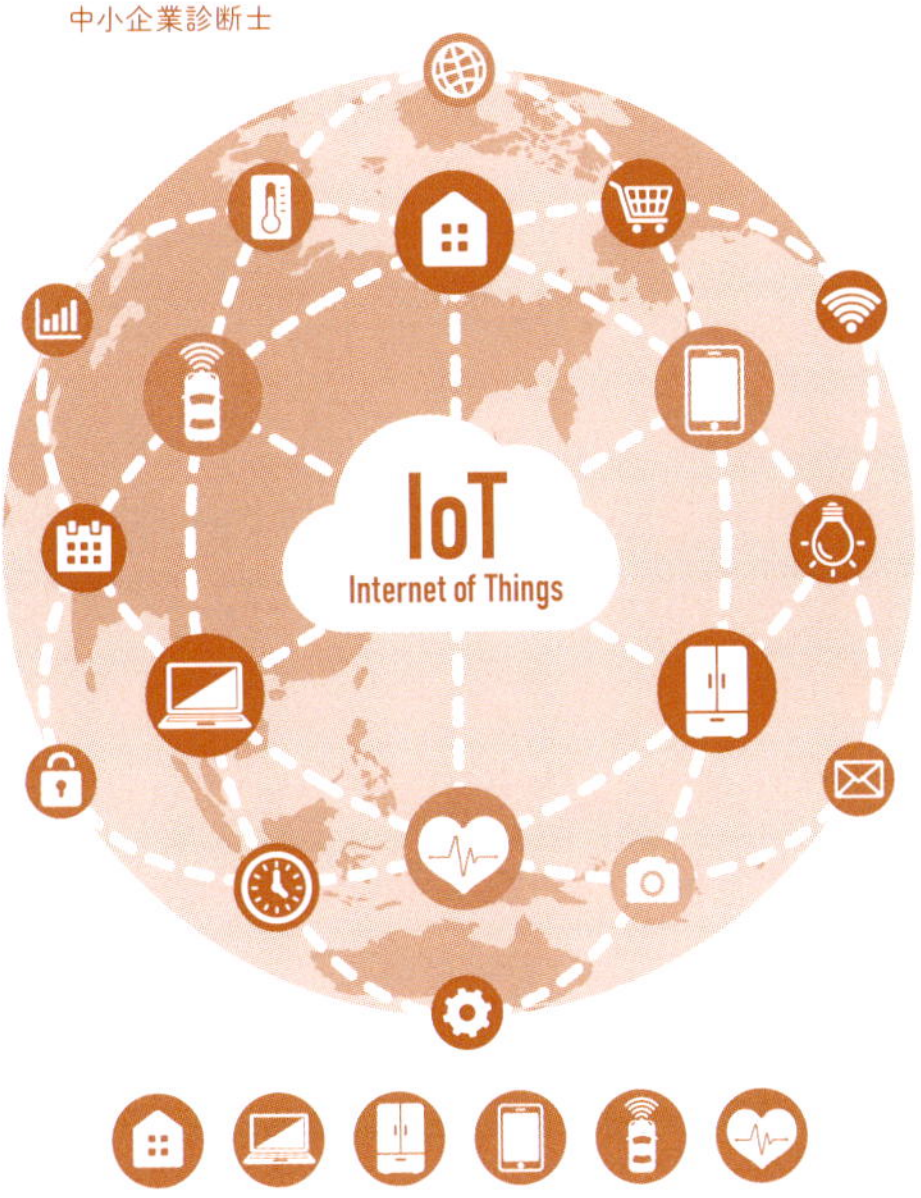

幻冬舎

今、様々な分野で注目されているＩｏＴ（Internet of Things）

ここ数年、「ＩｏＴ（Internet of Things）」という言葉をよく耳にします。直訳すれば「モノのインターネット」です。新聞や書籍などでも、ＩｏＴによる改善の事例が多数紹介されており、いろいろな分野での改善や新たなビジネス創出において注目されています。ＩｏＴでは、今までつながっていなかった「あらゆるモノ」がつながり、センサーなどで状態を監視することで、「ムダの見える化」や「設備や製品の故障予知」などが可能になります。また、つながることで遠隔からでも設備や製品の制御（操作）が実施できます。またＩｏＴで収集したデータをＡＩ（人工知能）などで分析することで作業や業務が最適化されるなどの効果があります。

しかし、「ＩｏＴは定義が明確になっていない」「関連する産業／技術が非常に広い」などの理由から、「ＩｏＴという言葉はよく聞くけれどイメージがわかない」「なにがすごいのかがわからない」といった話をよく聞きます。また、「ＩｏＴを使って改善などに取り組もうとしているが、なにから始めたらよいのかわからない」という状況に陥っている企業も多数あります。

ＩｏＴに関連する従来の書籍は専門書的なものが多く、ＩＴの基礎知識を持っていないと読みづらいものがほとんどでした。本書は前述の「ＩｏＴという言葉はよく聞くけれどイメージがわかない」といった方を対象に、学生から社会人までの幅広い読者の方が、前提知識をほとんど持っていなくても理解できるように構成した書籍です。また、最初から順に読んでもＩｏＴの全貌が理解できるようになっていますが、項目毎《ごと》の解説を独立させていますので、興味がある項目から読んでもらうことも可能です。

　私は、コンサルタントとして主に企業の経営改善の支援を行うことが多いのですが、4年ほど前からＩｏＴ（Internet of Things）は無限の可能性を秘めていると感じ、ＩｏＴ人材の育成に力を注いできました。現在でも、中小企業の発展や地方活性化、さらにいうと日本社会や産業の発展にはＩｏＴは必須であると考え、多くの方にＩｏＴを理解していただくために本書を執筆させていただきました。ＩｏＴは5年後、10年後には、現在のインターネットやスマートフォン（以下、スマホ）と同様にあたりまえに使われ、なくてはならない存在になっていることでしょう。本書が現代社会で必須となっていくＩｏＴの理解に役立ち、皆さんの仕事や業務の改善などに寄与できることを願っています。

合同会社コンサランス代表　中小企業診断士　**高安　篤史**

もくじ

はじめに……1

第1章

ＩｏＴってなにがすごいの？

ＩｏＴ（Internet of Things）とは？

モノがインターネットにつながるのがＩｏＴ？ ＩｏＴには、いろいろな解釈がある……10

ＩｏＴでつながるものは？

「モノ」だけでなく、あらゆるものがつながる世界がＩｏＴ……12

ＩＴとＩｏＴの違いはなに？

ＩＴはコンピュータの世界、ＩｏＴは物理的な世界を含む……14

ＩｏＴの考え方は昔からあった？

技術の進歩やセンサーなどが実用レベルの価格になったことでＩｏＴが進展……16

ＣＰＳってなに？

ＣＰＳは物理（リアル）空間とコンピュータ（デジタル）空間の連携を意味する……18

ＩｏＴ（Internet of Things）の目的は？
①モニタリング ②制御 ③最適化 ④自律性／自律化の４ステップで考える……20

ＩｏＴの階層（レイヤー）
ＩｏＴは、技術層からビジネス層に分けて８段階で考える……22

第４次産業革命とＩｏＴ
第４次産業革命のキーワードは自律化。自動化と自律化の違いは？……24

第４次産業革命がもたらす影響
オペレーションなどの単純な作業の仕事は第４次産業革命により無くなる……26

ＩｏＴに対する各国の取組み
日本のＩｏＴの取組みは米国やドイツに比べ遅れている……28
ＩｏＴに必要な標準化？
ＩｏＴでは通信方式やデータ規格などの標準化が重要……30
ＩｏＴによる社会の変化
ＩｏＴにより働き方改革など社会のしくみが変わる……32
おさらいコラム……34

第２章

ＩｏＴの構成要素

ＩｏＴに関連する技術
ＩｏＴに関連する技術はセンサー／通信／ＡＩ（人工知能）など多数……36
センサーの種類と応用例
センサーにより温度／振動／光度などいろいろなデータが取得できる……38
ＩｏＴで関連するデバイス
センサーが接続でき、通信も可能なエッジデバイス／ボードも多数存在する……40
ＩｏＴの通信方式（１）
目的により、いろいろな通信方式が存在。５Ｇの規格はＩｏＴを意識した規格……42
ＩｏＴの通信方式（２）
ＩｏＴゲートウェイにより、通信の中継が可能になる……44
インターネットの先にあるクラウド
ＩｏＴではクラウドでのデータ蓄積／分析が実施されることが多い……46

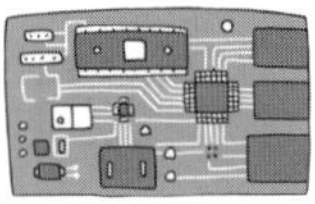

ＩｏＴプラットフォームとは？
ＩｏＴではクラウド技術を利用した各種のＩｏＴプラットフォームが活用可能……48
ＩｏＴとビッグデータの関係
ＩｏＴによりビッグデータの収集が加速され有効活用されてきた……50
ＩｏＴとデータ分析（１）
ＩｏＴの本質は、データを分析し有効利用すること……52
ＩｏＴとデータ分析（２）
データ分析はエクセルなどの表計算ツールやフリーツールでも可能……54
人工知能ってなんでもできるの？（１）
ＡＩと従来の自動化との違い、いろいろな用語との関係……56
人工知能ってなんでもできるの？（２）
ＡＩの進化は大きいが、ＡＩは発展途上（できないことのほうが多い）……58
人工知能ってなんでもできるの？（３）
目を持ったディープラーニングによる今後のＡＩの活用……60
ＩｏＴとロボット
パーソナルロボットや工場などで使われる産業用ロボットも進化している……62
ＶＲ（仮想現実）とＡＲ（拡張現実）
ＶＲとＡＲを活用することで、仕事の改善が図られる……64
ＩｏＴとブロックチェーン
仮想通貨の中核技術であるブロックチェーンはＩｏＴと相性が良い……66
ドローンもＩｏＴ関連技術
ドローンにより自動宅配や３Ｄ測量が可能に！……68

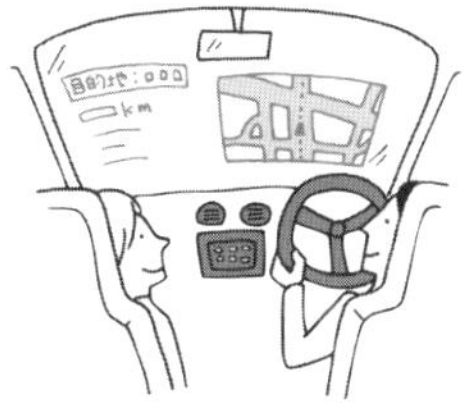

ウェアラブルデバイスとは？
ウェアラブルデバイスによりいろいろな業務の改善が可能……70
その他のＩｏＴ関連技術
ビーコン、ＩＣタグ／ＲＦＩＤなどもＩｏＴ関連技術として業務の改善が可能……72
ＩｏＴのセキュリティ技術
ＩｏＴでのセキュリティ技術（暗号、攻撃対策、認証対策、監視／運用）……74
おさらいコラム……76

第３章

ＩｏＴの事例

小売り／飲食業界でのＩｏＴ活用
無人コンビニが登場、レジを通らず、お金を払わず会計処理が完了……78
スマートホームってなに？
ＩｏＴでつながることで働き方改革や在宅勤務が加速する……80
サービス業界でのＩｏＴ活用事例
ＩｏＴにより様々なサービスが便利に。シェアリングエコノミーが加速……82
病院もＩｏＴで変わる
ＩｏＴで遠隔治療や家庭などとの連携が加速する……84
農業もＩｏＴで変わる
農業や酪農などの第1次産業もＩｏＴで家畜や作物管理が可能になる……86
製造業ではＩｏＴの改善事例が多数
設備の故障予知など、いち早くＩｏＴで改善が進んだ製造業……88

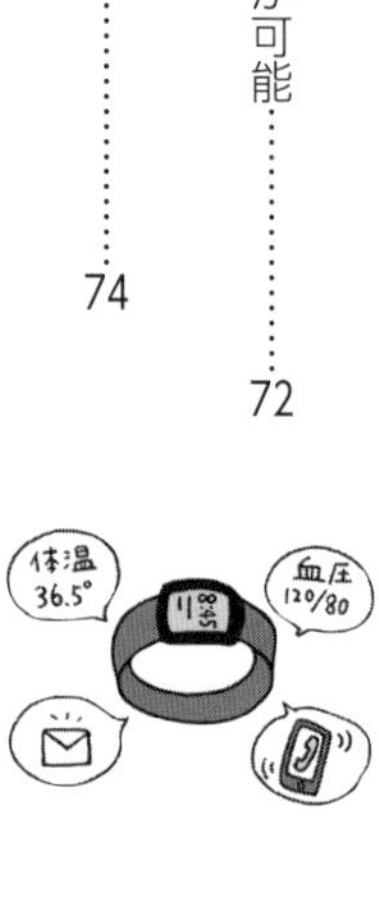

スマート工場ってなに？
つながる工場や各工程が連携することで課題の解決ができる……90
デジタルツインによる工場の改革
ＣＰＳを発展させた考え方のデジタルツインでは問題をデジタル空間で把握……92
土木／建設業界のＩｏＴ活用
ｉ－コンストラクションは国土交通省が推進している工事の見える化・自動化……94
物流・倉庫でもＩｏＴによる改善
物流や倉庫業務がＩｏＴによって変革される……96
家電製品もＩｏＴ化される
スマート家電により生活が変わり社会が変わる……98
ＩｏＴと自動運転
車同士がつながり、車が社会とつながることで産業構造が変わる……100
ＩｏＴによるビジネスモデルの革新
ＩｏＴでバリューチェーンが変わる／ビジネス構造が変わる……102
おさらいコラム……104

第４章
ＩｏＴを進めるときの注意点

ＩｏＴの導入／推進のノウハウ
ＩｏＴ導入／推進には、注意すべき5つの壁が存在する……106
ＩｏＴの推進ができない理由とは
ＩｏＴ推進における失敗の主な原因は、組織体制にあり……108

ＩｏＴ人材の育成方法
ＩｏＴは闇雲に学習しても効果は出ない。体系的育成が必要……110
ＩｏＴでは社内連携が重要
ＩｏＴは、全社一丸となる社内連携で5つの壁を乗り越える……112
ＩｏＴでのコラボレーション
一社だけではうまくいかない。自前主義は捨て、会社間連携を……114
セキュリティはＩｏＴのアキレス腱
つながることで、セキュリティの問題が致命的になる可能性がある……116
ＩｏＴに関連する法律／規制
著作権、電波法、ドローン規制法。ＩｏＴと法規制の考え方……118
データを収集する際のノウハウ
データは闇雲に収集しても効果なし。データの収集と有効利用法とは……120
ＡＩ（人工知能）活用の注意点
ＡＩは諸刃の剣。使い方を間違うと大変なことに……122
おさらいコラム……124
おわりに……125
さくいん……126

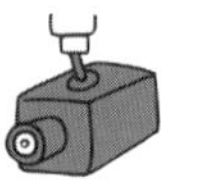

第1章

IoTってなにがすごいの？

モノがインターネットにつながるのがIoT？ IoTには、いろいろな解釈がある

そもそも、IoTとはなんでしょうか。明確な定義があるわけではないので、いろいろな解釈がありますが、IoTの意味を直訳すると「モノのインターネット」（Internet of Things）となります。つまり、モノがインターネットにつながると解釈できます。

ただし、これは狭義の意味としてのIoTです。メディアで紹介されるIoTの事例のほとんどは、この狭義の意味ではなく、左頁《ページ》図のように、①「モノがつながる」だけではなく、②「センサーなどで取得したデータ」を③「蓄積・分析」して、④「有効に活用する」という内容になります。

さらには、IoTの本質は「データの有効活用」ということがいえます。

IoTでは、この「データの有効活用」を本質と捉えると、モノがインターネットにつながらなくてもよいと考えることもできます。

例えば、限られたエリアでの接続や、モノとモノがつながっただけでもデータが有効に活用されればよいということです。

そもそもインターネットってなに？

世界規模の広範囲にわたる複数のコンピュータの接続を一般にインターネットと呼んでいます。インターネットは、企業や学校などの限られた範囲で構築されたLAN（Local Area Network）同士をつなげ、世界規模にしたものを指します。スマホやパソコンでの検索やホームページを見る際には、通常このインターネットを利用しています。

IoT（Internet of Things）とは？

①あらゆる「モノ」がつながり

↓

②センサーなどで取得したデータを

↓

③蓄積・分析して

↓

④有効に活用する

IoTの本質は、データの有効活用です

Q&A

Q1 IoTは必ずインターネットにつなげないといけないの？

A1 必ずということではありません。ただし、補助金などでIoTが対象になっている場合は、定義の確認など注意が必要です。

Q2 「モノ」がつながるだけでIoT？

A2 狭い解釈として、このつながる部分だけでIoTと呼ぶ場合もあります。

Q3 AI（人工知能）は、IoTに含まれる？

A3 AIは、IoTの広い意味での解釈である上記の①～④の③の部分の「分析」のキーテクノロジーです。（AIについてはP56参照）

Q4 ビッグデータってなに？

A4 巨大で複雑なデータを表す言葉です。（詳しくはP50参照）

■ IoTでつながるものは？

「モノ」だけでなく、あらゆるものがつながる世界がIoT

IoTではなにがつながるのか？

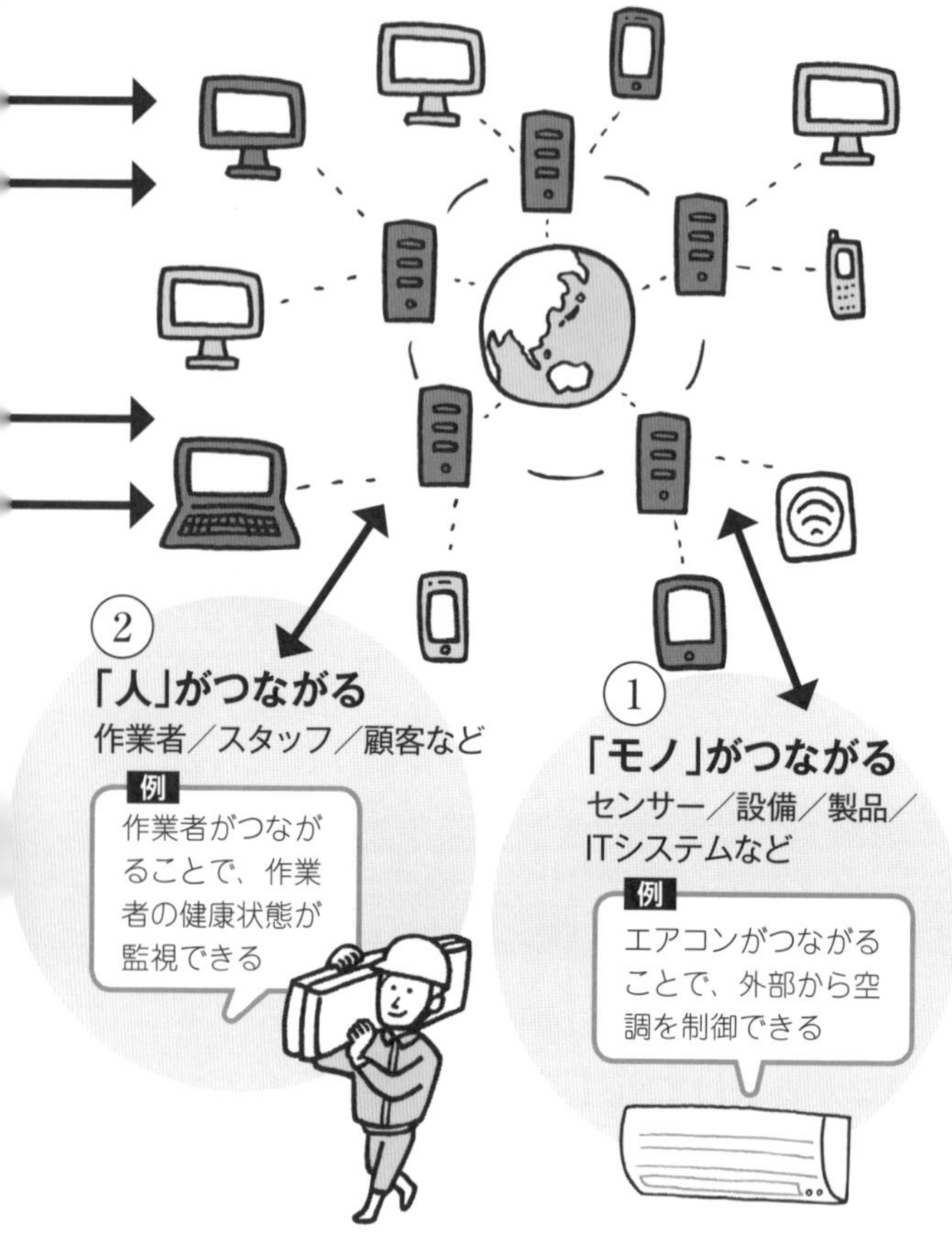
②
「人」がつながる
作業者／スタッフ／顧客など
例
作業者がつながることで、作業者の健康状態が監視できる
①
「モノ」がつながる
センサー／設備／製品／ITシステムなど
例
エアコンがつながることで、外部から空調を制御できる

前頁《ページ》で、ＩｏＴの意味としていろいろな解釈があり、いずれの解釈でも「モノ」がつながると説明しました。実際には「モノ」は通信機能を介して、データのやり取りを実施することで、意味のあるつながりになります。それでは、つながる「モノ」とは一体なんでしょうか？　まず、そのものズバリの「物理的な物」です。これは①「センサー／設備／製品／ＩＴシステム（含むパソコン）」などが該当します。

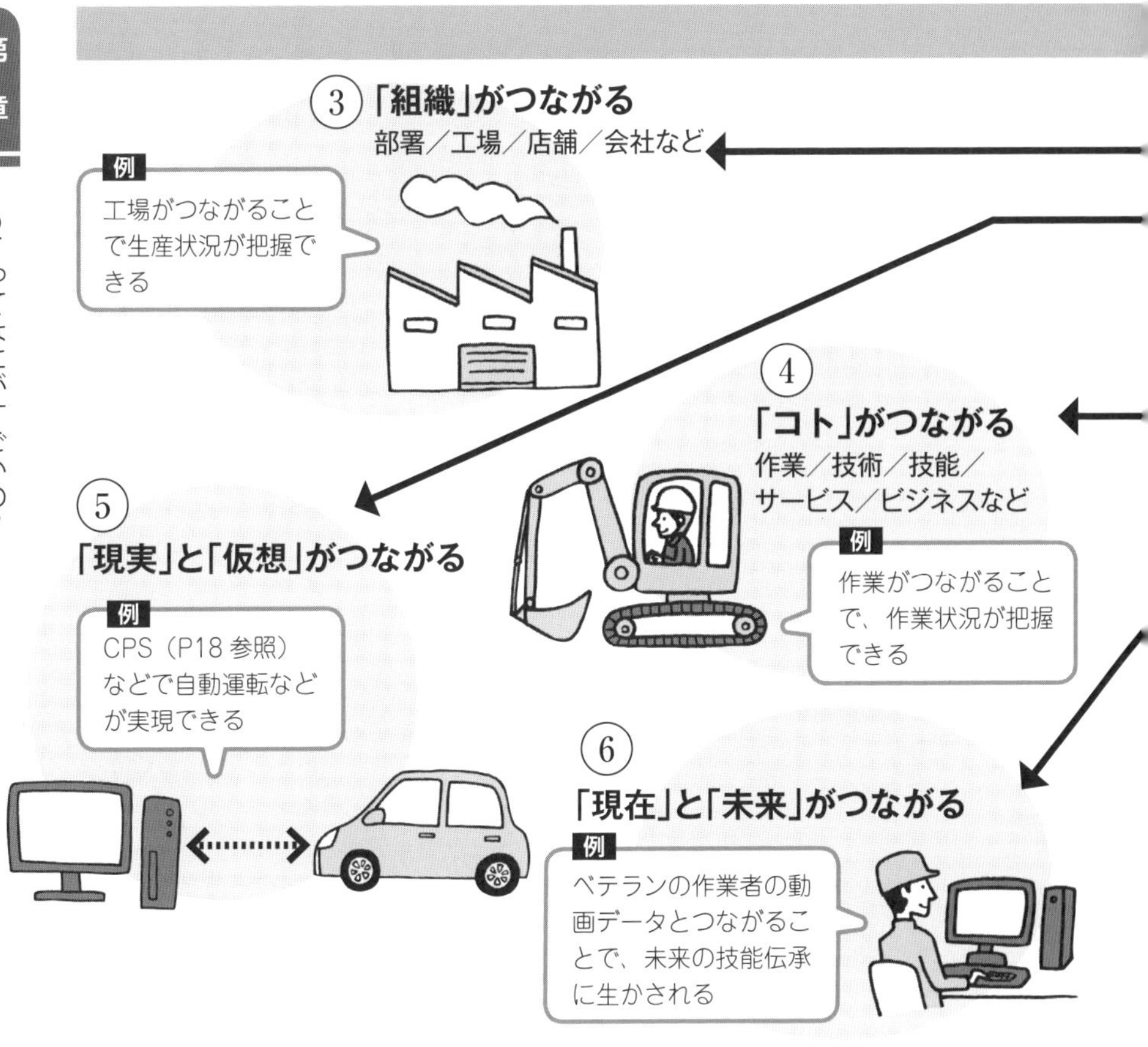

●「つながるモノ」を考える

前述の「物理的な物」だけではなく、上図のように②「作業者／スタッフ／顧客」などもつながります。また、③「部署／工場／店舗／会社」など④「作業／技術／技能／サービス／ビジネス」などもつながり、さらには⑤「現実（フィジカル）」と「仮想（デジタル／サイバー）」がつながり、そして、⑥「現在」と「未来」がつながります。このように、IoTではつながる「モノ」を広く考えることで、大きな社会のあり方まで変えることができます。「現実（フィジカル）」と「仮想（デジタル／サイバー）」をつなげる考え方は、CPS（Cyber Physical System）といいます（P18参照）。

■ITとIoTの違いはなに？

ITはコンピュータの世界、IoTは物理的な世界を含む

従来使われていた言葉にITという用語があります。IoTと似ている用語ですが、ITは「Information Technology」の略であり、IoT（Internet of Things）とは異なります。しかしながら、共通部分もあり、また両者とも効率化や改善などに用いられることなどから、明確にITとIoTの違いを理解できている人は少ないでしょう。

ITは、コンピュータ／バーチャルの世界での適用のため一気にグローバル化が進展しました。

一方、IoTは、物理的なハードウェアが絡み、左図のようにロボット／AIなどの新たな登場者がいます。

また、IoTの適用するエリアは、リアルな世界／労働集約型産業／末端の職場や地域（ローカライズ）／問題発生時の影響が大きい金融・自動車・病院などのミッションクリティカル（社会的役割が大きい）な領域となります。

また、IoTでもIT技術は利用されるため、ITとIoTは独立関係ではありません。

そもそもITってなに？

IT(Information Technology) は日本語では「情報技術」と訳されます。情報およびコンピュータに関連した技術の総称として、インターネットが普及した2000年代に入ったあたりで頻繁に使われるようになりました。通信を含めて「ICT（Information and Communication Technology)」という用語で使われる場合もあります。

ITとIoTの違い

IT(Information Technology)

- パソコン
- スマホ
- インターネット/web
- アプリケーション

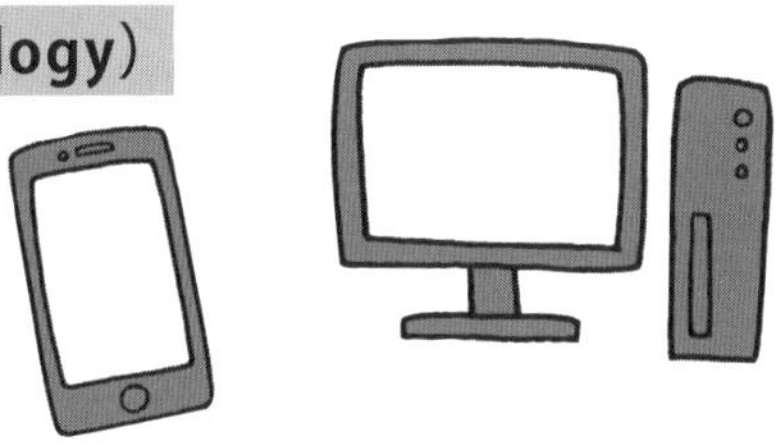

ITは情報やコンピュータに関連した技術の総称。情報を取得・加工・保存・伝送するための科学技術を指す

IoT

IoTは車や工場などといった「物理的にあるモノ」に通信機能を持たせて通信させる技術などを指す

リアルな世界での適用

IoTでもIT技術が使われる

IT

バーチャルの世界での適用

例:インターネット上で世界中の人とゲーム対戦を楽しむことができる

IoT(Internet of Things)

- センサー
- 通信
- ビッグデータ
- AI
- ロボット
- OT(Operational Technology)

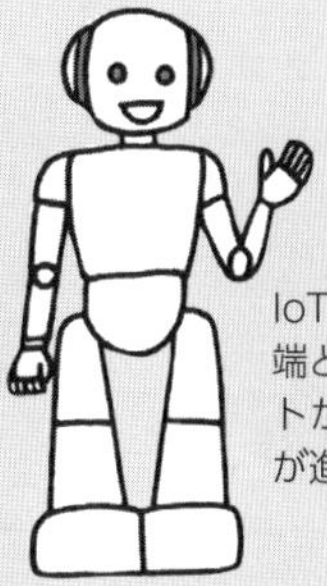

IoT技術活用の最先端としてAIやロボットが登場。研究開発が進んでいる

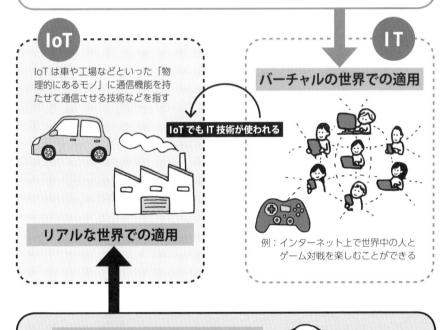

■ＩｏＴの考え方は昔からあった？

技術の進歩やセンサーなどが実用レベルの価格になったことでＩｏＴが進展

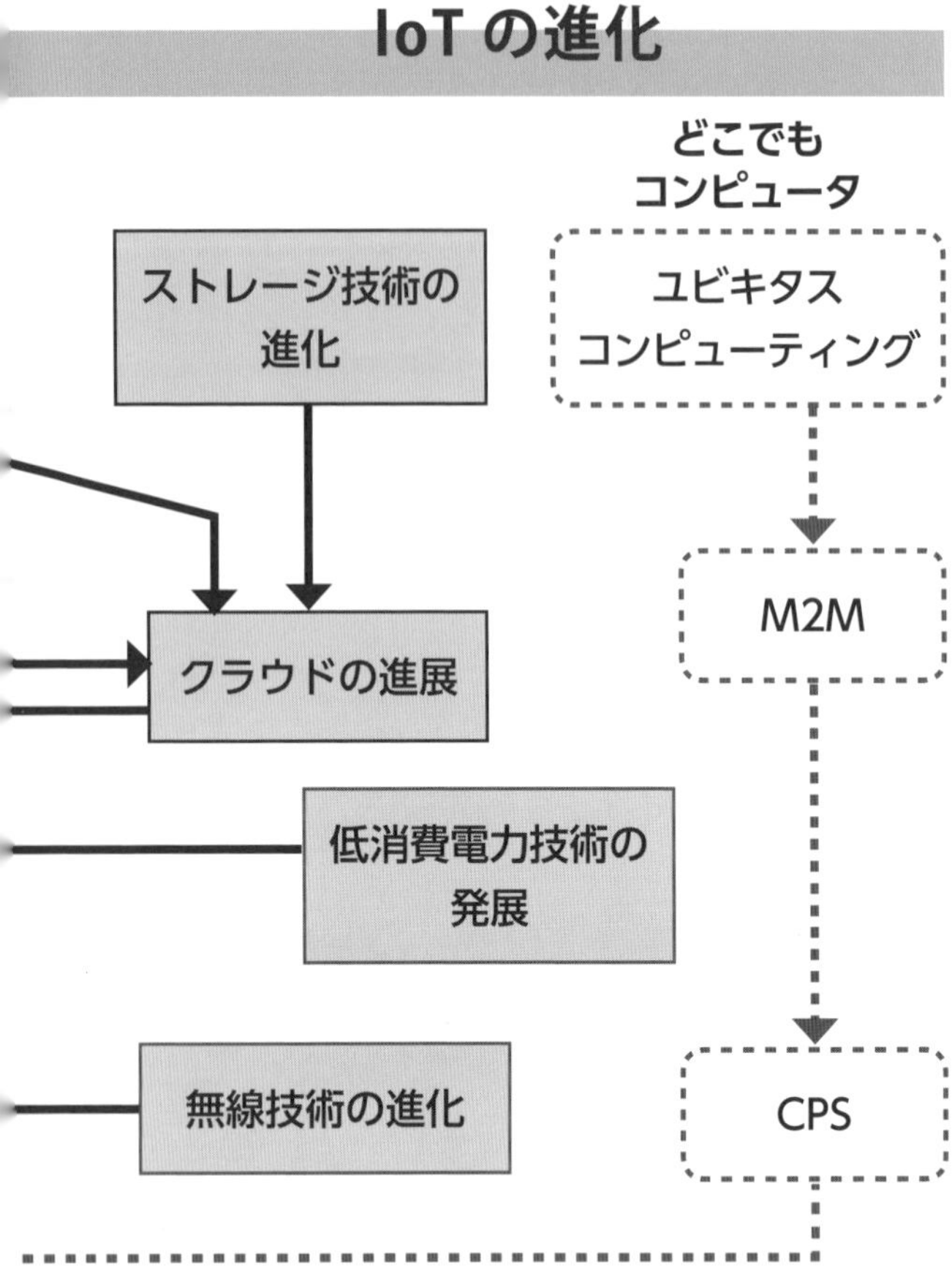

あらゆるモノがつながるというＩｏＴの考え方は昔からありました。特に有名なのは、１９９０年代後半に広まった家電品などがコンピュータ化される「ユビキタスコンピューティング（どこでもコンピュータ）」という概念です。しかし、実際には技術／コスト／ニーズなどのあらゆる面での制約により実用化には至りませんでした。また他にも似たような概念であるＭ２Ｍ（Machine-to-Machine：機械と機械の接続）やＣＰＳ（Cyber Physical System：Ｐ18参照）など

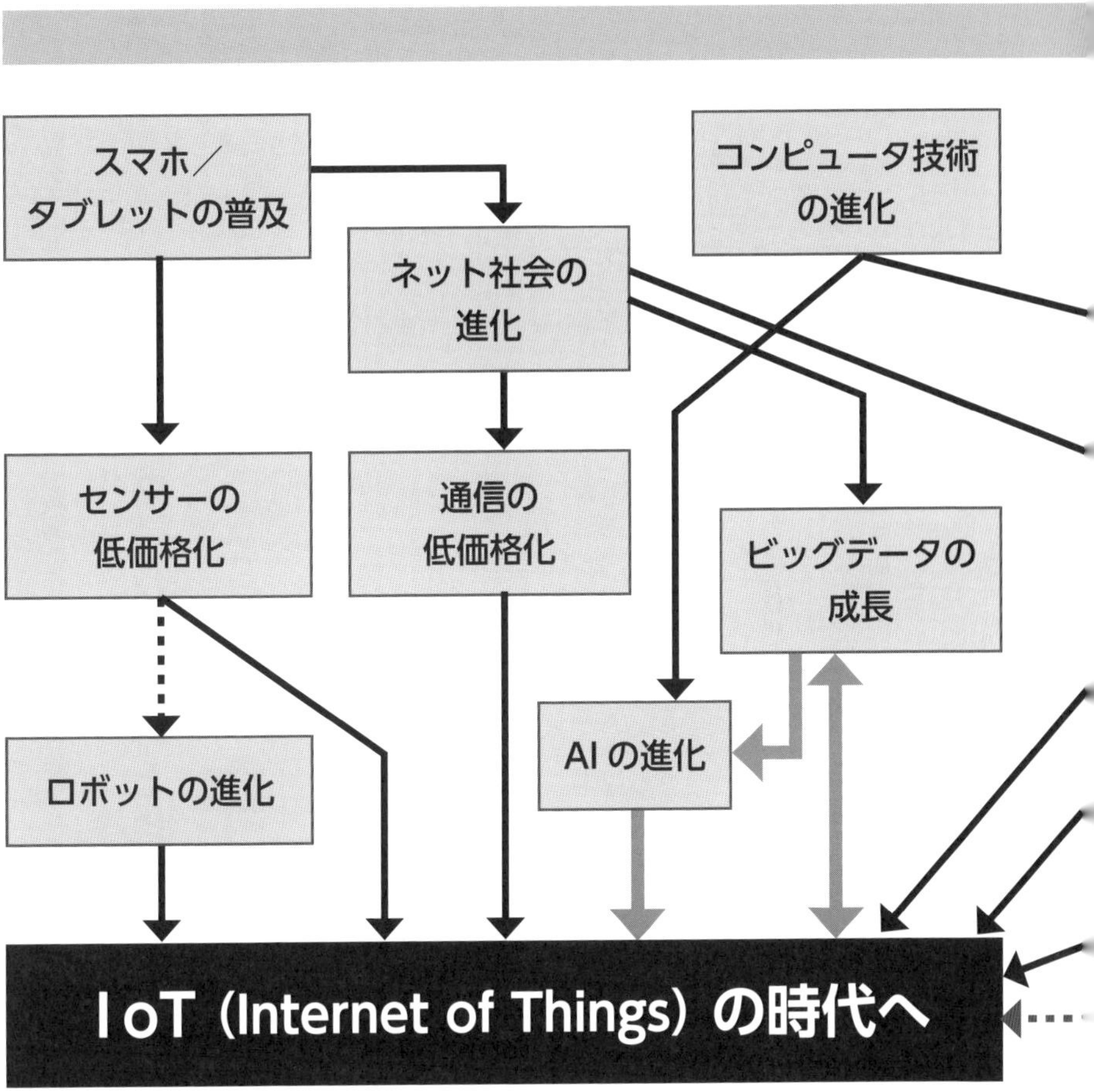

が以前からあります。

● IoTへの急激な流れ

一方、近年、急激にIoT化が進んだ背景には、技術の進歩とともに、スマホ／タブレットの普及によりセンサー価格が実用レベルまで低価格化したことがあげられます。また、重要な流れとして、IoTにより、様々なデータが収集され、ビッグデータが成長し、そしてAI（人工知能）は、そのビッグデータをベースに進化しました。AI（P56～60参照）を活用するためには精度の高いデータが必要です。このAIによるデータ分析が進み、改善が実施され、その後IoTにて新たなデータが収集されるというサイクル（循環）が繰り返されます。

CPSってなに?

CPSは物理（リアル）空間とコンピュータ（デジタル）空間の連携を意味する

CPSの例：渋滞緩和の場合

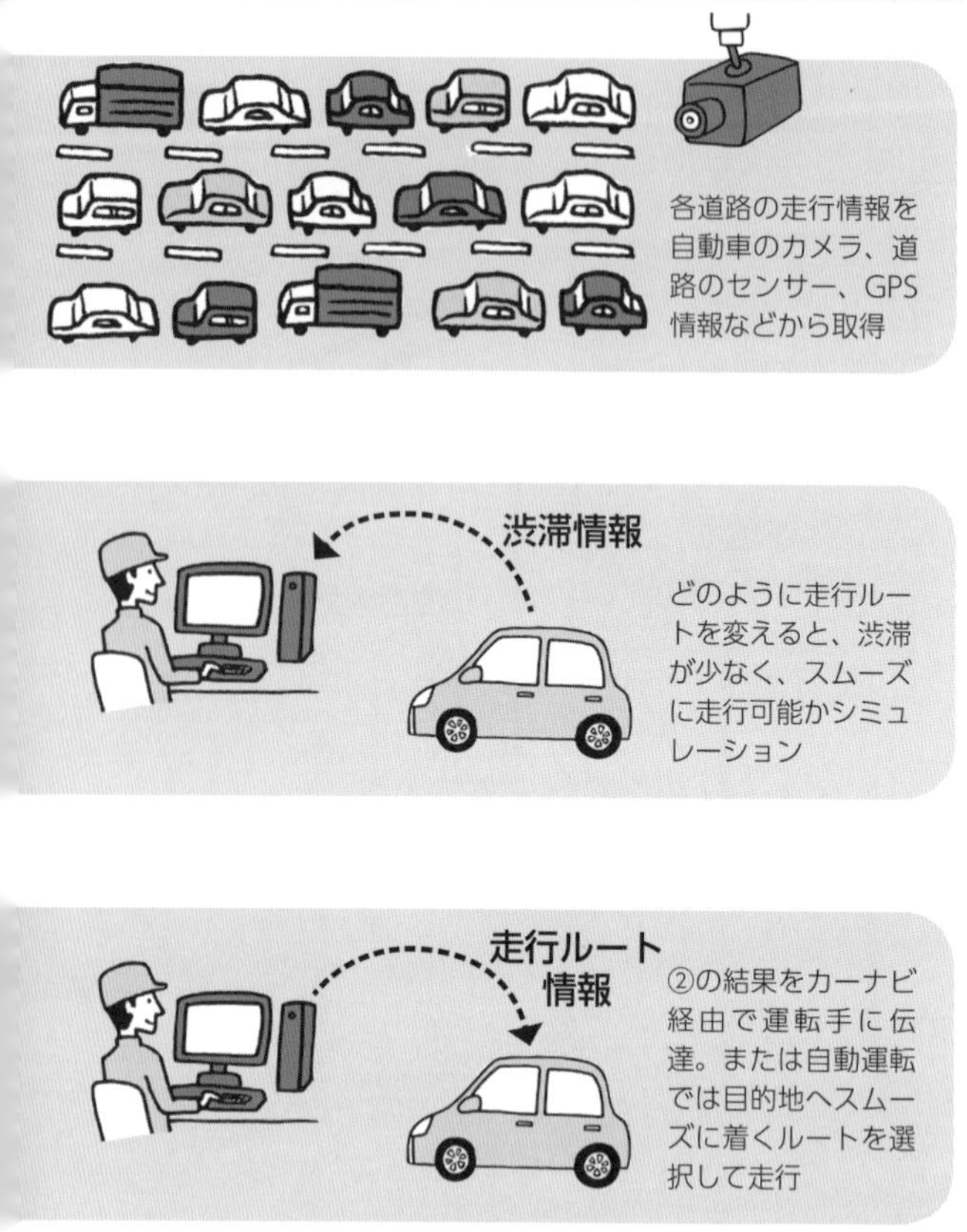
各道路の走行情報を自動車のカメラ、道路のセンサー、GPS情報などから取得
渋滞情報
どのように走行ルートを変えると、渋滞が少なく、スムーズに走行可能かシミュレーション
走行ルート情報
②の結果をカーナビ経由で運転手に伝達。または自動運転では目的地へスムーズに着くルートを選択して走行

ＩｏＴと似た考え方にＣＰＳ（Cyber Physical System）があります。ＩｏＴを学習をする際にも、よく見る用語です。経済産業省は当初ＩｏＴという言葉を使わずにこのＣＰＳを主に使用していました（一方、通信関連を管轄している総務省はＩｏＴを使用）。このＣＰＳは、「コンピュータ（デジタル）空間や仮想空間を表すＣ（サイバー）と、物理（リアル）空間を表すＰ（フィジカル）、この全く異なる2つを組み合わせたＳ（システム）」という内容で、容易

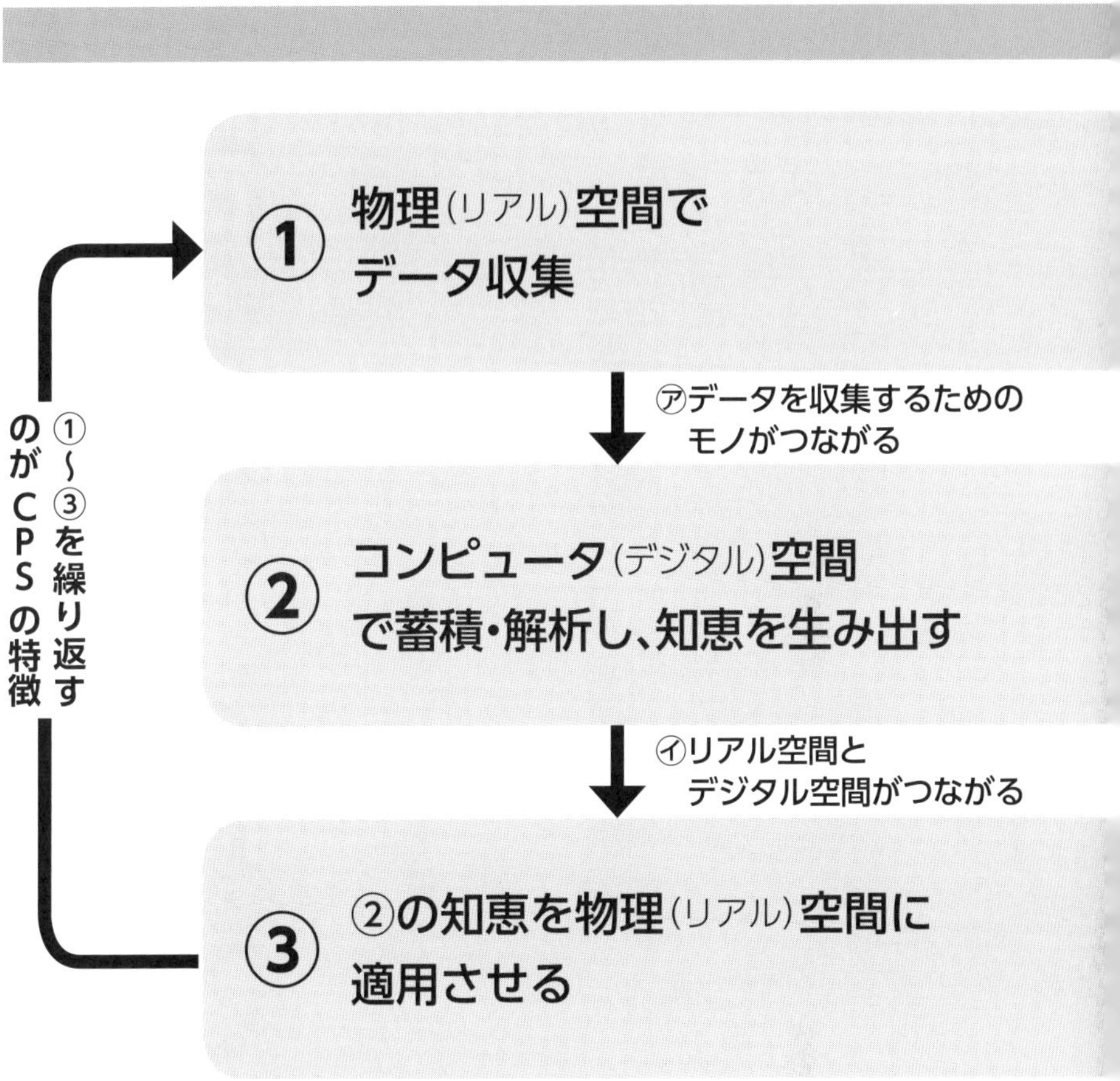

に理解できない人も多いのではないでしょうか。

●CPSの特徴

　このCPSは①物理（リアル）空間でデータを収集し、②そのデータをコンピュータ（デジタル）空間で蓄積・解析し知恵を生み出し、③その知恵を物理（リアル）空間に適用し、再び①に戻るというサイクルを繰り返すことに特徴があります。このサイクルの中では、㋐データを収集するために「モノ」がつながり、㋑リアル空間とデジタル空間がつながるという2つの「つながる」の概念が基本にあります。このCPSの概念は、製造現場、自動車などの輸送機械、家電製品などあらゆる領域に適用することが可能です。

■ＩｏＴ（Internet of Things）の目的は？

①モニタリング②制御③最適化④自律性／自律化の4ステップで考える

ＩｏＴは、様々な産業への応用が可能ですが、その目的を４ステップで考えるとわかりやすくなります。ステップ①は、モニタリング、つまり「見える化」です。それだけでは大きな成果につながらないと思うかもしれませんが、ＩｏＴの成功事例の多くは、「見える化」により、今まで見えなかったムダが明らかになり、改善を実施したという内容です。ステップ②は、制御（コントロール）、ステップ③は、最適化（オプティマイゼーション）、ステップ④は、自律性／自律化になります。

●4ステップを意識する

この４ステップはアメリカ合衆国の経営学者マイケル・ポーター氏が提唱しており、前のステップが実現できていない状態で、次の段階に移ると目的は達成できないとされています。ＩｏＴを推進する際は、この4ステップを意識し、課題がある場合は、どのステップで解決するかを考えます。また、今のＩｏＴの実行レベルのステップを意識しましょう。

自律性／自律化とは？

上記のステップ④の自律性／自律化とは、なんでしょうか？ まず、最初に理解すべきは「自動化とは異なる」ということです。自動化は人が論理を考え、その通りに機械やコンピュータが実行すること。自律性／自律化は、目的を AI（人工知能）やロボットに教えて、その目的に合うように論理を AI やロボットが考えてくれることです。

IoTの4ステップ

Step ① モニタリング(Monitoring)

- 異常値の確認
- ログ確認

etc.

つながることにより、モノやプロセスなどの稼働状況を監視

Step ② 制御(Control)

- 遠隔設備制御
- 遠隔予約

etc.

製品／設備などを遠隔で操作／予約

Step ③ 最適化(Optimization)

- 稼働率改善
- 省エネ

etc.

監視データなどを分析し、最適な方法で動作

Step ④ 自律性／自律化(Autonomy)

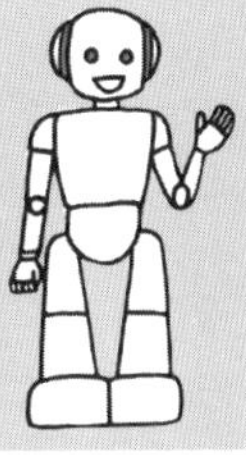

- 自律的に故障予測
- 自律的に事前保守

etc.

製品やプロセスは自律的に動作する

■IoTの階層（レイヤー）

IoTは、技術層からビジネス層に分けて8段階で考える

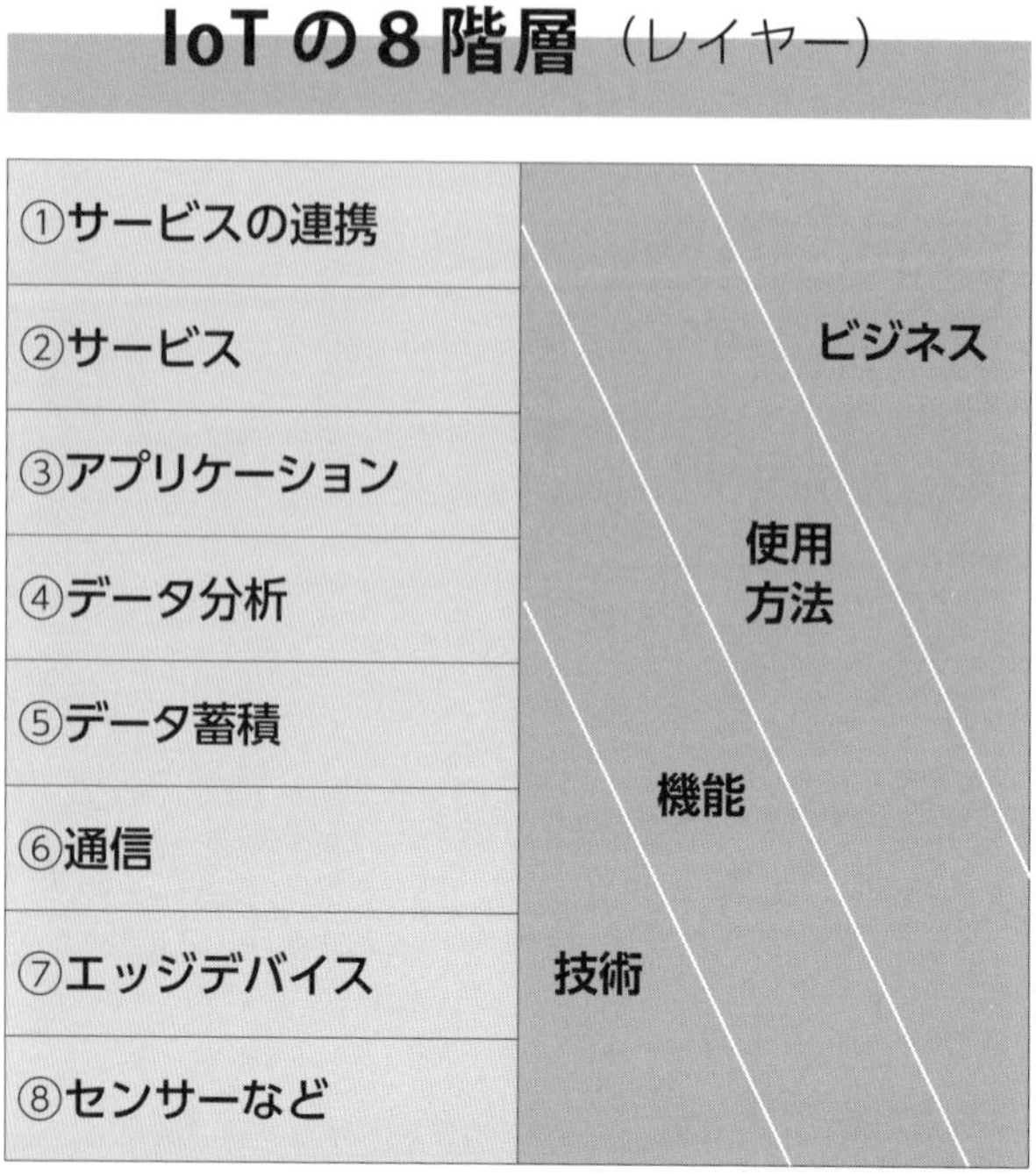

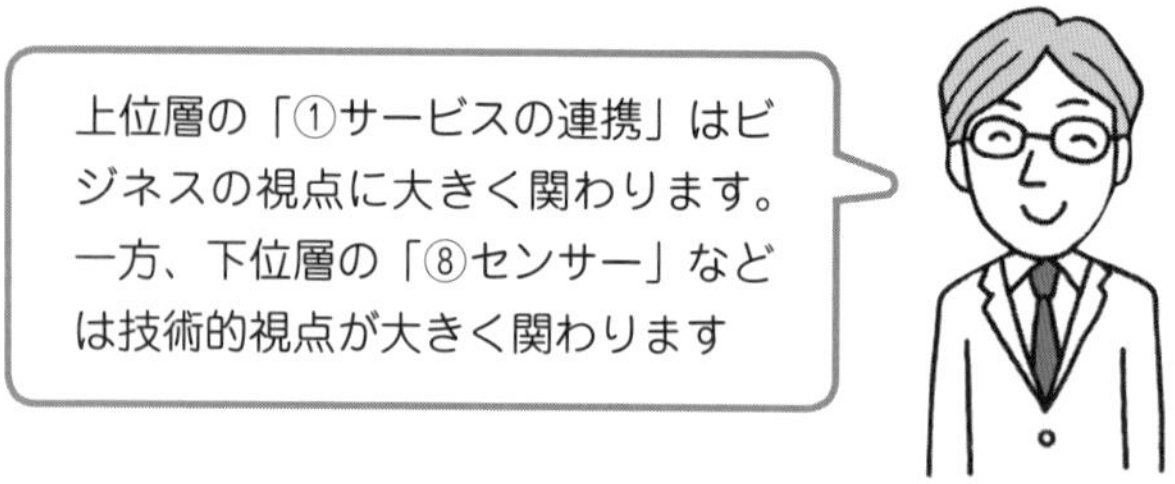

IoTは、いろいろな技術エリアも関連していますが、システム全体を考える上では、階層（レイヤー）に分けて考える必要があります。上図は、IoTの階層（レイヤー）を8段階に分けた図です。最下位層⑧センサーなどでデータを取得する層、⑦即処理を実施するためのエッジデバイス層、⑥データを通信する層、⑤データの蓄積を行う層、④データ分析を実施する層、③アプリケーション層、②サービス層、①サービスの連携層となります。また、上図は技術

自動車運転における実例

①サービスの連携	自動車保険の保険料を運転状況により個別に算出（保険会社との連携） ※②の結果、事故が減り、保険料が下がる価値も創出
②サービス	安全に事故を起こさない運転を実施する指導サービス
③アプリケーション	省エネ運転のアドバイスアプリ
④データ分析	運転手の運転状況がどのような事故に結びつくのか解析
⑤データ蓄積	長期にわたり、各運転手の運転情報（データ）を蓄積
⑥通信	運転情報（データ）を転送
⑦エッジデバイス	障害物などがあった場合の自動ブレーキ
⑧センサーなど	カメラ／センサーにより、運転手の運転情報（データ）を取得

的視点、機能的視点、ユーザーの使用方法の視点、ビジネスの視点でそれぞれが階層でどこに関連しているかを示しています。

●8階層の実例

また、上表は、自動車運転での8階層の実例です。特にIoTでの社会の変革の観点で重要な階層は、①サービスの連携層です。今までは、つながっていなかったサービスが連携（融合）することにより、新たなビジネスが生まれます。上表の自動車運転に関する①サービスの連携層では、運転手の運転情報が収集でき、それらの情報から事故の発生しやすさを分析することで、自動車保険料を運転者毎《ごと》に変更するテレマティックス保険ビジネスが創出されます。

第4次産業革命のキーワードは自律化。自動化と自律化の違いは？

第４次産業革命と自律化

第１次産業革命：蒸気機関による「機械化」

↓

第２次産業革命：電力による「大量生産」

第３次産業革命：コンピュータによる「自動化」

↓

第４次産業革命：IoT ／ AI ／ RPA による「自律化」

- IoT（Internet of Things）
- AI（Artificial Intelligence）
- RPA（Robotic Process Automation）

今、ＩｏＴを中心としたＡＩ（人工知能）／ＲＰＡ（ソフトロボットによる業務自律化）などにより、第4次産業革命が起きようとしています。そもそも、第1次産業革命から第3次産業革命とは、なんだったのでしょうか。上図にあるように第1次は蒸気機関による「機械化」、第2次は電力による「大量生産」、第3次はコンピュータによる「自動化」です。そして、第4次産業革命のキーワードは、「自律化」になります。「自律化」と「自動化」との違い（Ｐ20

自律化の例：自動運転

スピードを
ゆるめる
スリップした
不快感から
アクセルをゆるめる
タイヤが
減ってきているので
負担がかからない
運転をする

従来のロボットによる組立てや家電製品はコンピュータが組み込まれていますが「自動」での動作です。それは、あらかじめ人が考えた論理通りの動きしかしないということです。しかしAIによる自動運転は車が自分で様々なことを考えて動いてくれます。また、家電製品などもAI化され自律化が進みます

参照）のポイントは人が論理を考えず、ＡＩやロボットに目的を教えることで、ＡＩやロボットが論理を考えてくれることにあります。

●第４次産業革命の影響範囲

第４次産業革命は、従来の産業革命とは比べものにならないほど広範囲となり、農業などの第１次産業からホワイトカラーの間接業務も対象です。その結果、第１次、第２次、第３次産業の全てがＩＴ産業化するといわれています。

ＲＰＡについては、未《いま》だ様々な解釈がありますが、第３次産業革命の延長線上にある自動化レベルから、さらに進んだＡＩとの組み合わせなども考えた自律化などにも発展していきます（Ｐ26参照）。

■ 第4次産業革命がもたらす影響

オペレーションなどの単純な作業の仕事は第4次産業革命により無くなる

前項では、第4次産業革命について説明しました。このIoTを中心としたAIやRPAによる第4次産業革命により、データ駆動型社会とも呼ばれる新たな社会が到来します。

その流れで、既存の仕事が無くなり、また、新たな社会に合わせて新規の仕事も創出されます。私たちは、この「無くなる仕事」はなぜ無くなるのかについて理解しておく必要があります。

簡単に説明すると、ロボットやAIが得意で人間が実施しなくてもよい仕事が無くなり、ロボットやAIが苦手な仕事は残ります。

また、説明責任が伴う、安全性／信頼性が重要な職種は当面、特に日本では残るであろうことが予想されます。

無くなる仕事と聞くと悲観的になるかもしれませんが、前述の第1次から第3次産業革命でも同様の、「無くなる仕事」は発生しています。そして、新たな仕事も創出されるため、その変化に柔軟に対応するための準備ができるかどうかが重要になります。

RPAとは？

RPA（Robotic Process Automation：ロボットによる業務自動化／自律化）では、ホワイトカラーの間接業務の改善が可能になります。ハードウェアロボットに対し、RPAはソフトウェアロボットと表現する場合もあります。現段階で実現できるのは、単純なパソコンなどで人が繰り返し実施する作業の自動化が中心です。

IoTによって無くなる仕事と残る仕事

●無くなる仕事

IoT 化によって無くなる仕事は、「コンピュータ中で完結する仕事」や「AI などで代替できる仕事」です。現在でもすでに自動化されているものもあります。

- 各種の運転手
- 通訳
- レジ係
- 新聞配達員、郵便配達員、宅配員
- プログラマー
- コールセンター
- ビル管理人
- 飲食店の接客係
- 秘書　　　など

●残る仕事

IoT 化しても残る仕事は、「人の情緒や感性を生かす仕事」や、「研究・開発」など人のほうが高いパフォーマンスを発揮できる仕事です。

- 伝統工芸
- クリエイター
- 作曲家・画家
- 教師
- 営業職
- 高級レストランの接客
- 医師　　　など

■IoTに対する各国の取組み

日本のIoTの取組みは米国やドイツに比べ遅れている

日本におけるSociety5.0

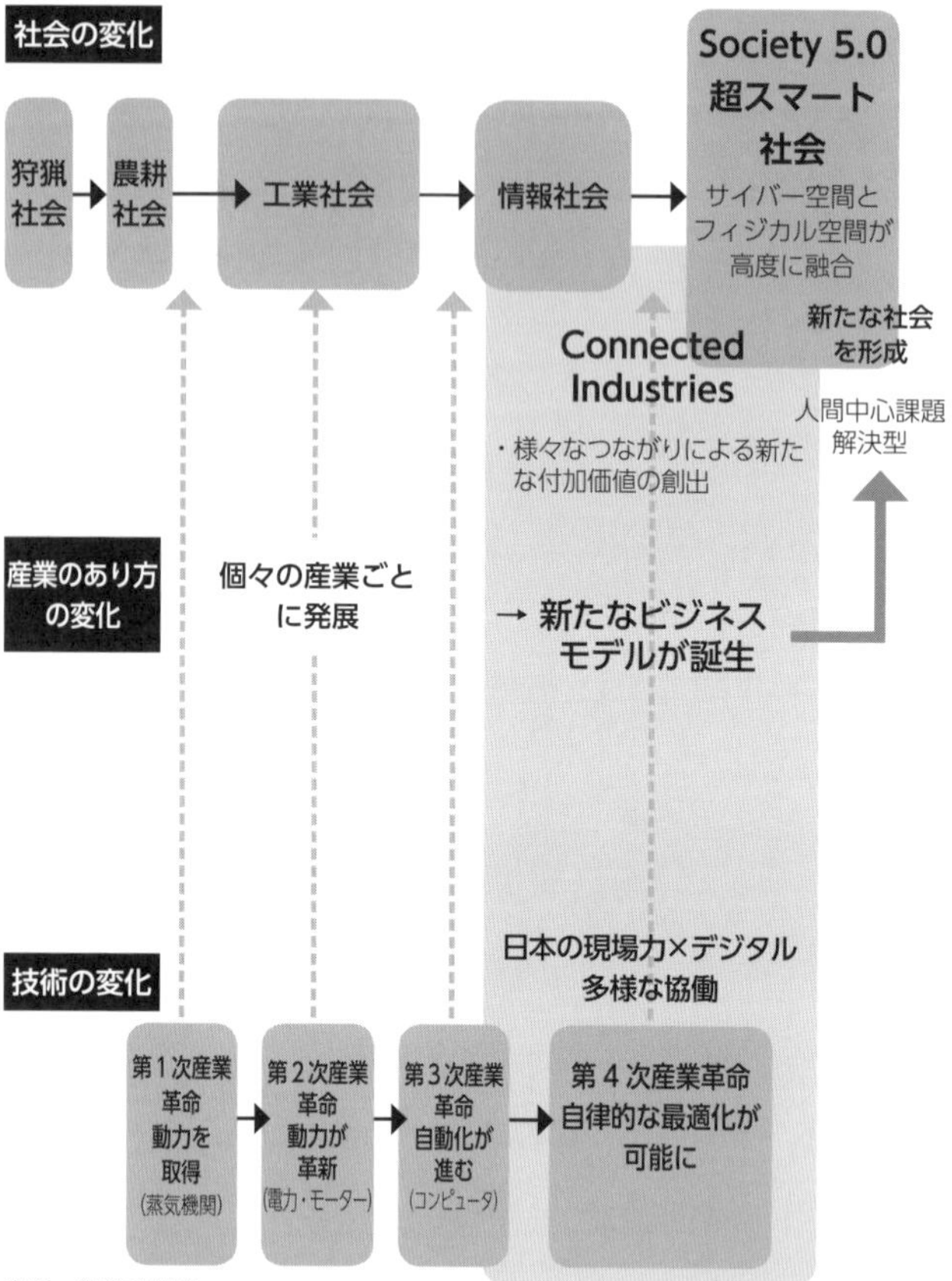

出所：経済産業省

　IoTを中心とした変革である第4次産業革命を前に、各国では様々な動きが起こっています。有名なところでは、米国のIIC（Industrial Internet Consortium）やドイツ「Industry4.0」でしょう。日本では、上図のようにつながる世界をコンセプト化した「Connected Industries」や、産業だけでなく社会全体が変わる「Society5.0」が今後の社会のあり方として国の考え方になっています。この「Society5.0」は、①狩猟社会、②農耕社会、③工業社会、

	米国	ドイツ	日本
推進主体	民間	政府	民間（一部政府）
目的	市場を巻き込んだ革命	製造業のデジタル化（含む標準化）	目的が不明瞭
コンセプト	・製造とサービスの融合 ・生産は海外	・国全体を一つの工場（含む中小企業） ・生産は国内	一部で効果を確認後、全面的に採用
背景	・ベンチャーも主役 ・M&Aによる推進 ・モジュール化	・産業毎《ごと》に主要メーカー ・プロダクトアウト※ ・雇用維持 ・開発と生産の分断	・3つ以上のメーカーのライバル関係 ・系列による推進 ・すり合わせ
イメージ	・ゴールドラッシュ ・合従連衡 ・エコシステム	・国の戦い ・データを有効利用した最適化	・ゆるやかな連携
問題点	・製造現場の弱さ	・付加価値 ・サービス化 ・ビジネスモデル	・標準化は二の次 ・認知度／理解度 ・中小企業の推進の遅れ

※プロダクトアウト：商品の企画や生産において、論理や技術優先で商品を製作すること

④情報社会の次に位置する5番目の新たな社会を意味する超スマート社会を指します。

●遅れている日本の取組み

米国、ドイツと日本の取組みを比較すると上表のようになります。日本にはない大きな特徴は、「米国が市場を巻き込んだ革命の流れ」また、「ドイツは国策で国全体を一つの工場に生まれ変わらせよう」としているところです。IoTは、従来日本の強みであるハードウェア技術や生産技術が生かせる一方、米国にはビジネス視点で、ドイツには標準化※に伴う工場の一体化で、かなり遅れているといわれています（標準化の重要性については、P30参照）。

※標準化：方式等を統一すること

■ＩｏＴに必要な標準化？

ＩｏＴでは通信方式やデータ規格などの標準化が重要

前項で、日本における標準化の遅れについて触れました。

まずＩｏＴにおいて、なぜ標準化が重要になるのでしょうか。ＩｏＴは、①「つながる」こと、②「データを有効活用する」ことがポイントです（Ｐ11参照）。①「つながる」ためには、通信のプロトコル[※]が一致し、「標準化」されていないと接続できません。皆さんの中には、スマホやパソコンをイメージし、キャリアの通信やＷｉ－Ｆｉ（無線通信）であれば、すでに標準化ができていると思われるかもしれませんが、様々な通信プロトコルが存在するのです。

●標準化とは

例えば工場で使用されている通信には、左頁《ページ》図のようにいろいろな形態があり、キャリアの通信やＷｉ－Ｆｉでは消費電力などの制限で利用できない環境も多数あります。また、もう一つの②「データの有効活用」のためには、データのフォーマットも標準化が必須になります。これらの標準化は、日本が苦手としている部分です。

Wi-Fi とは？

Wi-Fi を無線 LAN の規格と思っている人も多いですが、厳密にはWi-FiとはWi-Fi Allianceによって、国際標準規格である IEEE 802.11 規格を使用した機器間の相互接続が認められたことを示す名称です。当初、無線 LAN は標準規格であっても、相互接続ができない場合も多かったため、このように互換性を保証するための団体が必要でした。

※プロトコル：複数の端末同士がデータや信号、情報を送信する際の約束事のこと

産業用（工場）ネットワークの通信

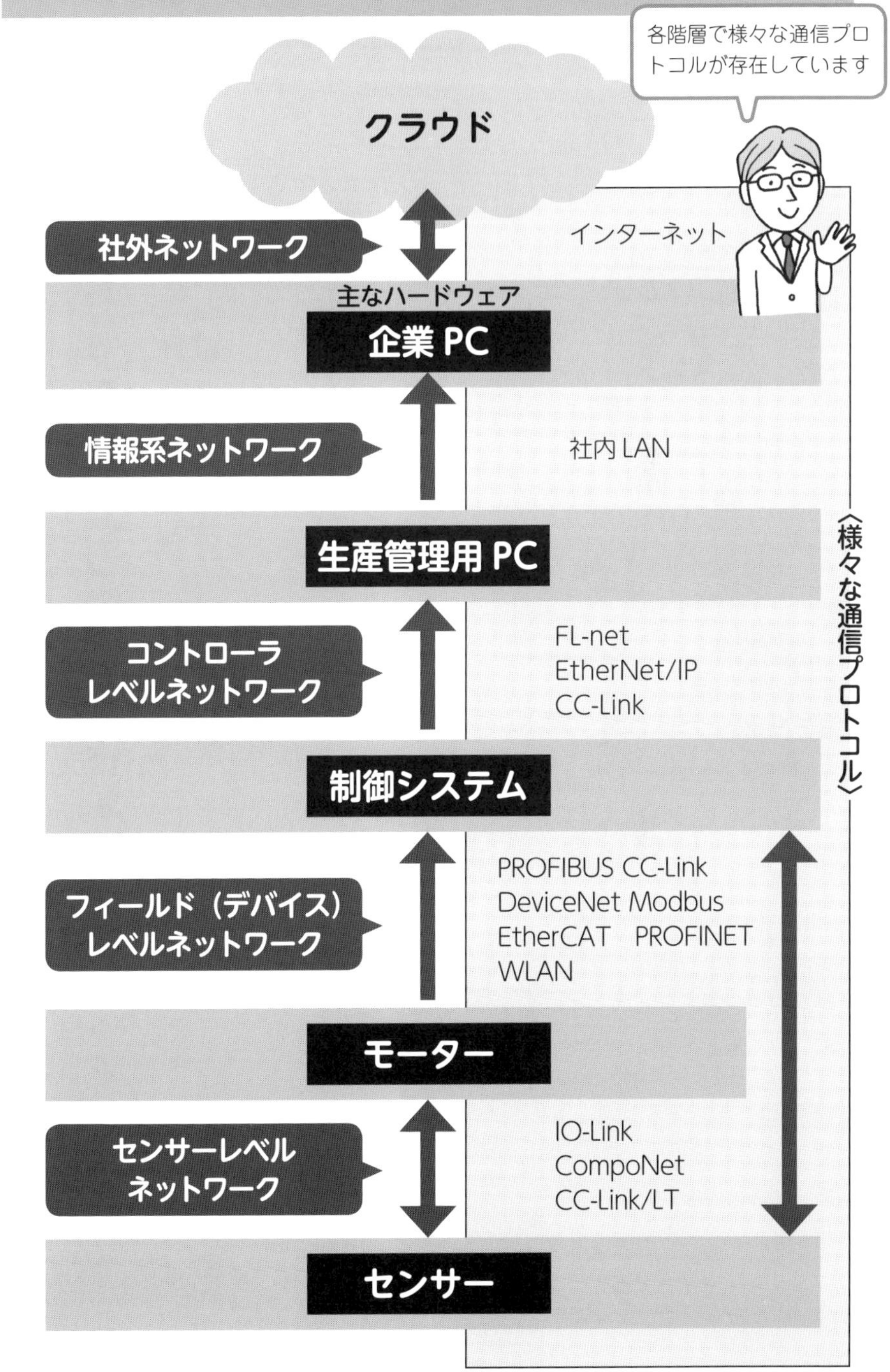

IoTにより働き方改革など社会のしくみが変わる

IoTによる社会の変化

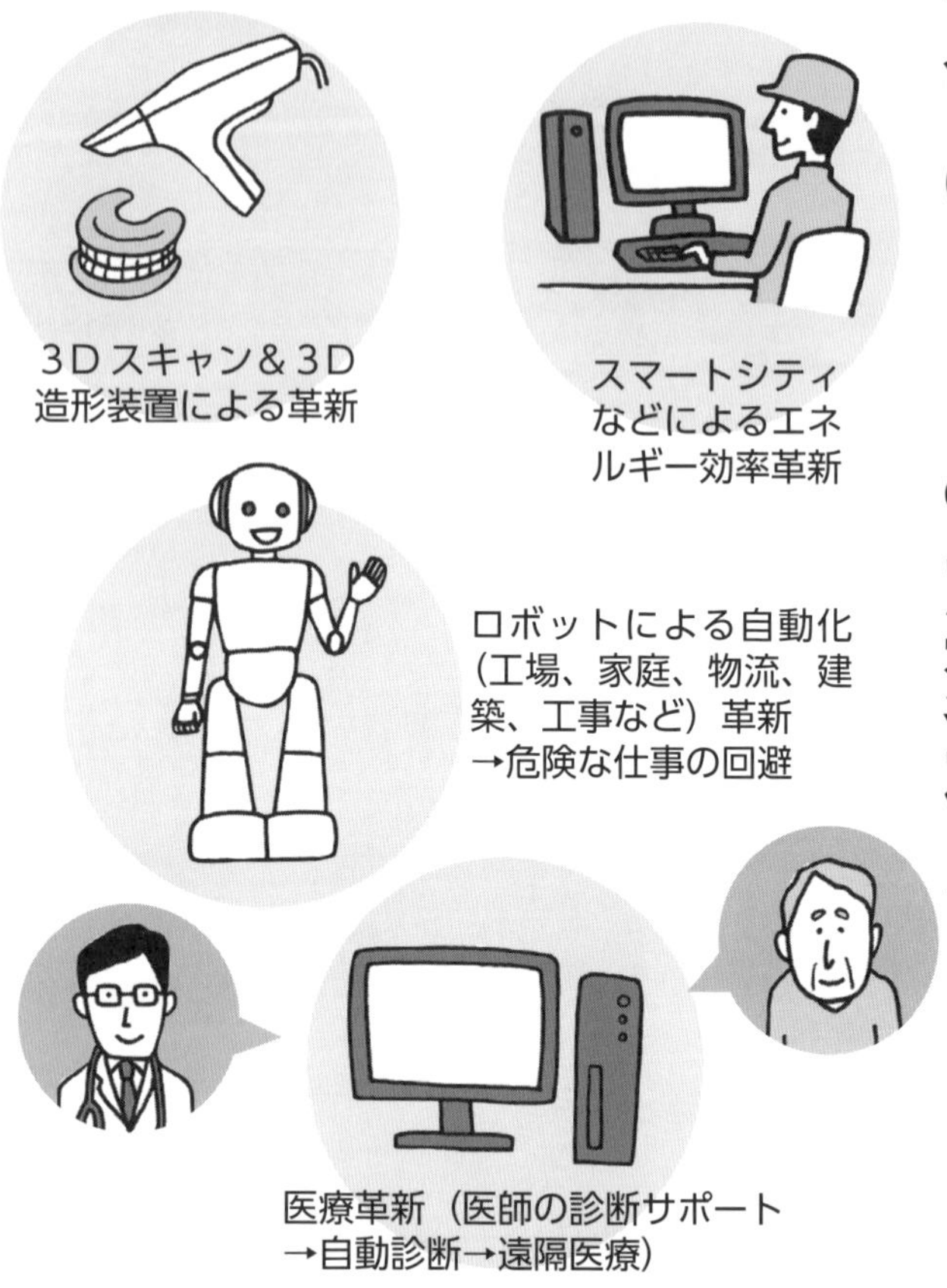

ＩｏＴによる変革はあらゆる産業や社会に影響します。Ｐ26でお話ししたように無くなる仕事も多数出てきますし、新たなビジネスも創出されます。また働き方改革、人材不足対策などもこのＩｏＴで実現できるでしょう。例えば、ＩｏＴでつながることで在宅勤務が可能になり、単純作業がロボット化されることで人材不足への対策ができます。

● IoTが変える未来

また、「モノ」がつながることで、

「モノ」の状況が把握できるようになるためシェアビジネス（モノの所有から共有）への流れが加速されます。その応用範囲は大きく、社会全体の構造が変わっていくでしょう。自動運転も含めて考えると、自動車がシェア（共有）の対象になるのは間違いないともいわれています。さらに、在宅勤務と連携し、家も所有から共有へ変わっていくかもしれません。会社のオフィスも共有され、どこで働いてもよい世の中がくるかもしれません。病院も遠隔治療があたりまえになり、どこにいても診察や手術が受けられるかもしれません。さらには、人同士がテレパシーでつながることも可能になったり、最後にはＡＩロボットに地球を征服されたりするなんてことも……。

おさらいコラム

●ＩｏＴには狭義の意味（解釈）と広義の意味（解釈）がある。広義の意味は、つながることで得たデータを分析し有効利用することであり、インターネットにつながっていなくてもよい

●つながる「モノ」も、物理的な「モノ」以外に、人、組織（部署、店舗、会社）、コト（作業、技術、サービス）など多岐にわたる

●ＩｏＴをITとの違いで説明すると、ＩｏＴは物理的なハードウェアも関連し、適用される領域が非常に広がるという点が異なる

●ＩｏＴという言葉は新しいが、類似の考え方は昔からあり、センサーなどの低価格化やコンピュータ技術の進展で現実的になった

●ＩｏＴ、AI、ビッグデータには相乗効果（シナジー）があり、個別ではなく、３つを総合的に捉えることが重要

●ＣＰＳ（Cyber Physical System）は、物理空間とコンピュータ（デジタル）空間の連携を意味する言葉であらゆる産業に適用可能

●ＩｏＴには4ステップ（モニタリング／制御／最適化／自律性・自律化）があり、各ステップの意味を理解する必要がある

●自律性／自律化が第４次産業革命のキーワードであり、無くなる仕事も多数発生する

●日本の取組みは、標準化などの面で米国やドイツに比べて遅れている

●ＩｏＴにてあらゆる産業が変革され、働き方改革なども実現され社会のしくみが変わっていく

第２章

ＩＯＴの構成要素

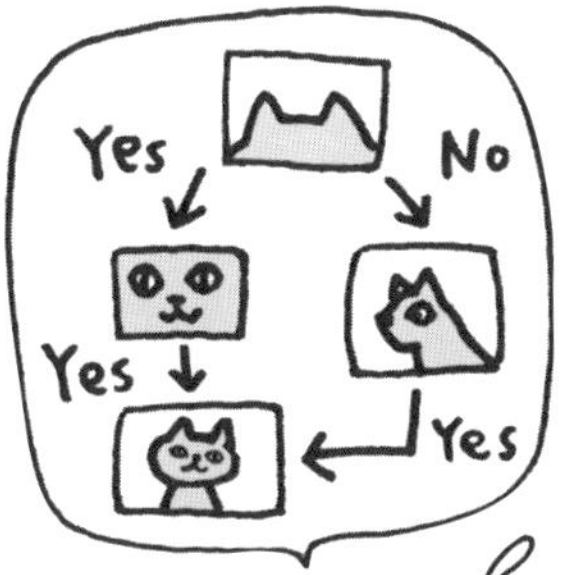

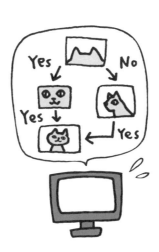

IoTに関連する技術はセンサー／通信／AI（人工知能）など多数

IoTは、P10で解説したように単なる「モノの接続」が目的ではなく、つながることによって得られたデータを蓄積・分析して、最終的には有効に活用するものです。

その中でIoT関連技術としては左図の、データを取得するための⑧「センサー技術（P38参照）」、それらのデータをリアルタイムで処理する⑦「エッジデバイス技術（P40・64〜72参照）」、データを⑥「通信する技術（P42・44参照）」、それらのデータを⑤「蓄積する技術（P46〜50・66参照）」、蓄積した④「データを分析する技術（P52〜60参照）」、またデータの漏洩《ろうえい》やウイルスの対策を行う「セキュリティ技術（P74参照）」などに分類されます（分析した結果を活用する部分①②③は第3章参照）。

これらの技術について、どの程度知らなければいけないのかが難しい点です。これらの技術を活用したIoT製品やサービスを自ら開発するエンジニアは、高レベルの技術が求められますが、IoTの利用者の立場で知っておかなければいけないIoTの知識は限られます。

次頁《ページ》以降は、IoTの利用者の立場で知っておかなければいけない最低限のIoT関連技術について解説します。

各技術項目と左頁《ページ》表のIoTの構成図を関係づけると、複雑なIoTの理解が早くなります

IoTの8階層の関連

①サービスの連携	複数のサービスが連携（融合）して新たな価値を創造
②サービス	データを分析した結果などからのサービス創出
③アプリケーション	分析した結果を有効活用するためのソフトウェア
④データ分析	蓄積したデータを分析するところ。IoTではクラウド内で実施されることが多い
⑤データ蓄積	データを蓄積するところ。IoTではクラウドが用いられることが多い
⑥通信	離れているところへデータを送信する技術
⑦エッジデバイス	通信をせず即処理を実施するための装置
⑧センサーなど	データを取得するIoTの起点部分

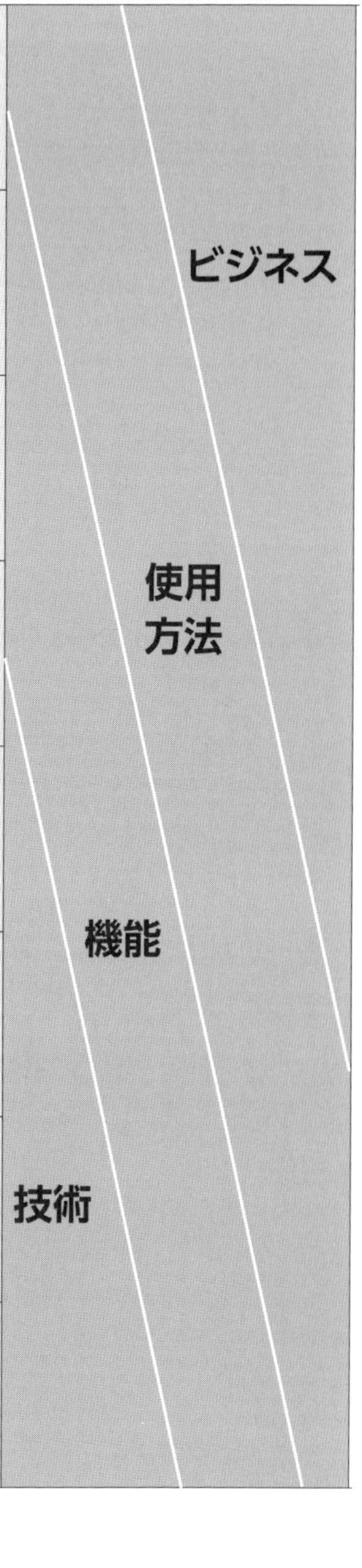

センサーにより温度／振動／光度などいろいろなデータが取得できる

IoTではデータを有効に使うことが重要ですが、センサーで各種のデータを取得すると、今まではわからなかった状況が理解できるようになってきます。また、P16にも記載したように、急激にIoT化が進んだ背景には、技術の進歩とともにスマホ・タブレットが普及し、センサーの低価格化が実用レベルまで進んだということがあげられます。

人が検知できるものはセンサーでデータが取得できますし、世の中には多数「千差（センサー）万

センサー活用例

センサーとは

・マイクなどもセンサーに含まれる。

・広義の意味ではカメラ／GPSなどもセンサーとして捉えられる。

センサーは、IoTの起点になるデータの収集ポイントです

●主なセンサーの活用例

状況監視など
モノの有無／位置／形状／重量センサー
→ **生産工程の進捗がわかる**
活用例：ものづくり工場での生産管理

物質の状況確認
超音波／赤外線／接触／イオン／バイオ／ミリ波
→ **物質の変化・劣化の変化を確認**
活用例：自動運転でタイヤの減りなどによって運転の仕方を変える

故障予知
電流／振動／音／熱（温度）／匂いセンサー
→ **生産やサービスを止めなくてよい**
活用例：ジェットエンジンの故障予知

製品の利用状況などの取得
光／磁気／加速度／ジャイロ／圧力センサー
→ **機能改善・サービス改善**
活用例：家電製品やゴルフクラブ（どこにボールが当たるかを判断し、上達へつながる）

最適条件の検出
温度／湿度／日射量／肥料濃度／CO_2
→ **様々な条件でのデータを把握し予測する**
活用例：植物工場（屋内での）

別」のセンサーが存在します。

例えば、農業の生産に影響する「温度、湿度、日射量、CO_2、肥料濃度」などもセンサーで取得できます。また、IoTでの課題解決の事例によく登場する、製品や設備の故障予知は、電流／振動／音／熱（温度）／匂いなどのデータをセンサーで取得することで、判断できるようになりました。

結果として生産や業務を止めることがなくなります。また点検周期を大きくすることが可能です。同様に設備の稼働状況も同様のセンサーやカメラなどで「見える化」することが可能になりました。センサーの用途は幅広く、あらゆる業務改善に、特に「見える化」の第一歩として利用されています。

センサーが接続でき、通信も可能なエッジデバイス／ボードも多数存在する

ここでは、ＩｏＴに関連するエッジデバイスについて解説します。エッジデバイスとは、Ｐ37での8階層では⑦に位置し、組込みシステムやエッジコンピューティングと呼ばれる部分です。エッジコンピューティングとは、装置や機器の近くでなんらかの処理を行うという意味で使われることが多く、クラウドなど、インターネットの先で処理する場合と対比して用いられている用語です（特に即時の処理を求められる場合に使われます）。

ウェアラブルデバイス（Ｐ70参照）などもエッジデバイスと考えられます。また、各種センサーなどが接続でき、安価なＩｏＴボードである「アルディーノ」や「ラズベリーパイ」も注目です。プログラムなどの開発環境も無料で、初心者向けに作られています。

また、「ラズベリーパイ」ではＬｉｎｕｘというＯＳも搭載されパソコンと同様に動かすことが可能で、これらのＩｏＴボードを応用したＩｏＴ製品も多数販売されています。

組込みシステムとＩｏＴ機器

専門の機能を実現するために、機械や設備などに組み込まれるコンピュータシステムが「組込みシステム」と呼ばれます（ＰＣなどの汎用コンピュータと対比される）。家電製品・医療機器・産業用機器なども組込みシステムと捉えられ、これらの組込みシステムがインターネットなどにつながるとＩｏＴ機器と呼ばれるようになります。

エッジデバイス例：ラズベリーパイの接続

下図の①～⑧は P37 の 8 階層の図と対応しています。

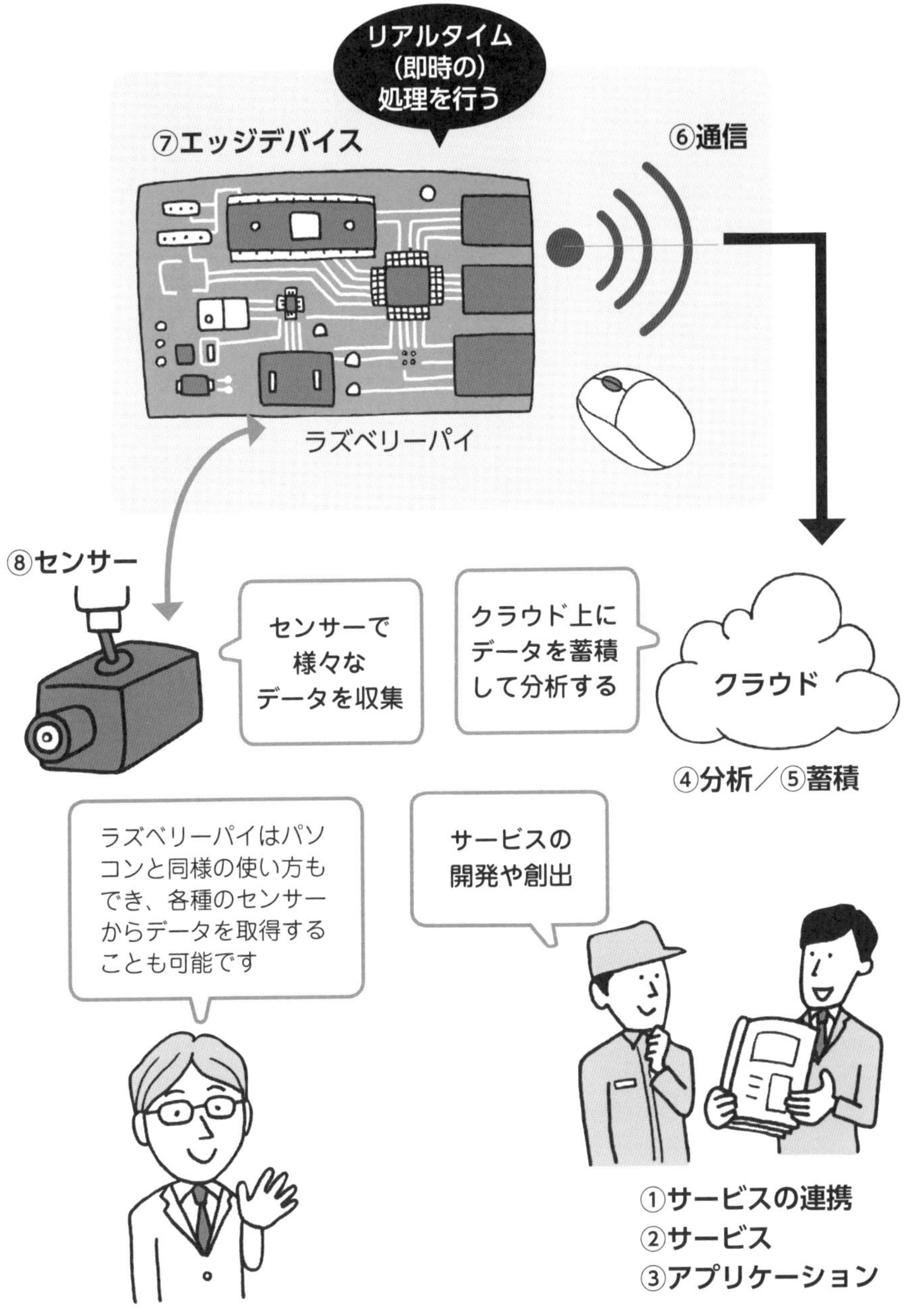

目的により、いろいろな通信方式が存在。5Gの規格はIoTを意識した規格

皆さんは、通信やネットワークと聞くとなにを思い浮かべるでしょうか。

スマホで利用される無線LANの「Wi-Fi」（P30参照）や携帯電話用の「LTE／4G」などでしょうか。

左頁《ページ》図を見てもらうとわかるように「Wi-Fi」や「LTE」は高速通信であり、高コストで消費電力が大きい通信方式です。つまり、高速通信のため、動画が視聴できるなどのメリットはありますが、頻繁に充電が必要、通信コストが比較的高いなどのデメリットも存在します。このようにスマホなどでは高速通信が必須ですが、世の中のIoT機器は、高速通信が必要でないものも多数あります。

例えば、1日に1回取得したデータを送ればよい測定機器などです。また、遠隔地の電源がないところで使用し、バッテリーのみで長期間の使用を続けないといけない機器もあります。これらのIoT機器の増加により、低速ながら、消費電力が少なく低コストの通信方式も数多く出てきています。

また、携帯電話用の次世代通信の5G（第5世代移動通信）は、消費電力も意識しつつ、さらに「高速」「同時接続数増加」「遅延時間低下」を実現する規格として近い将来の商用化が見込まれています。

目的やIoT機器に合致した通信方式を選択する必要があります。一般の通信と同様にIoT通信も淘汰《とうた》（生存競争）が起こっています

通信ネットワークの分類

広域・遠距離

LPWA
(Low Power Wide Area)

山林での状態確認や牧場の牛や馬の状況把握など、遠隔でバッテリー（低消費電力）で動作しないといけない場合に使用される

LTE
(Long Term Evolution)

スマホやパソコンの通信に使用され、従来からモバイル通信の主流である通信方式（コストが比較的高い）

5G
(第5世代移動通信)

低消費電力化され IoT 機器にも使用できる次世代のモバイル通信

消費電力小・低速・低コスト

消費電力大・高速・高コスト

Bluetooth

RFID
(Radio Frequency Identifier)

NFC
(Near Field Communication)

ZigBee

パソコンの周辺機器やスマホ通信など、近距離／低速の通信

Wi-Fi

パソコンやスマホなどを、限られたエリア内で無線を使用した「LAN（Local Area Network）で接続する」技術。無料 Wi-Fi を使用するとインターネットを使用する際にも通信コストが抑制される。モバイル通信が使えない外国人観光客には Wi-Fi 環境が必須。スマホなどにおいては、モバイル通信と Wi-Fi の切り替えが自動になっている場合も多く、意識せずに Wi-Fi を使っている場合もある

狭域・近距離

IoTゲートウェイにより、通信の中継が可能になる

データ送信の例

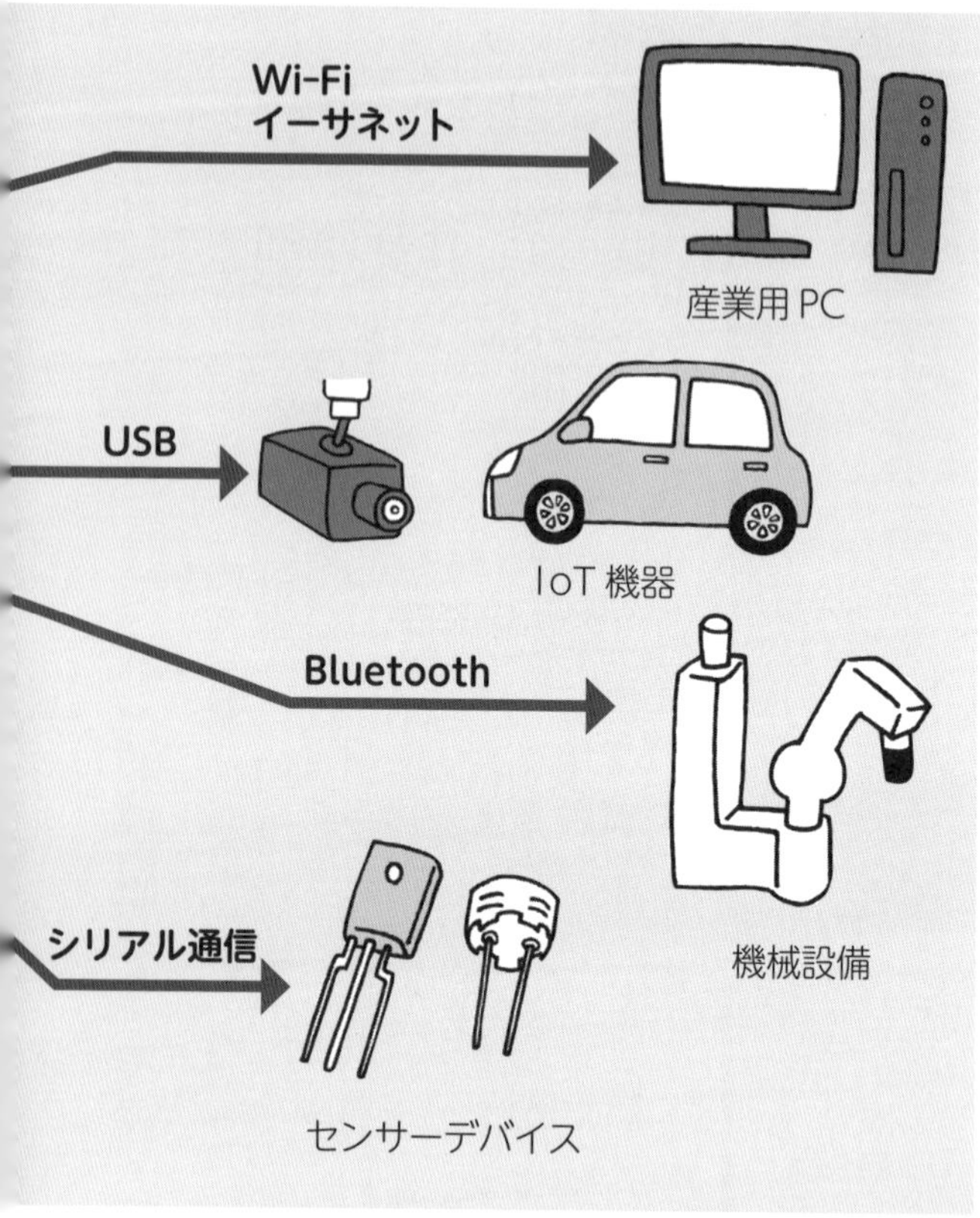

前項では、ＩｏＴの通信方式を速度、消費電力、コスト、通信距離の面から分類しました。ただし、実際のデータを送信する方法は、一つの方式だけでなく、複数の方式を組み合わせることもあります。

例えば、一旦Ｂｌｕｅｔｏｏｔｈ（近距離用の無線通信でコンピュータ周辺機器やゲーム機などに幅広く利用）でスマホと通信して、そのスマホからインターネットにデータを送信するという方法もあります。

また、上図のようにＩｏＴゲー

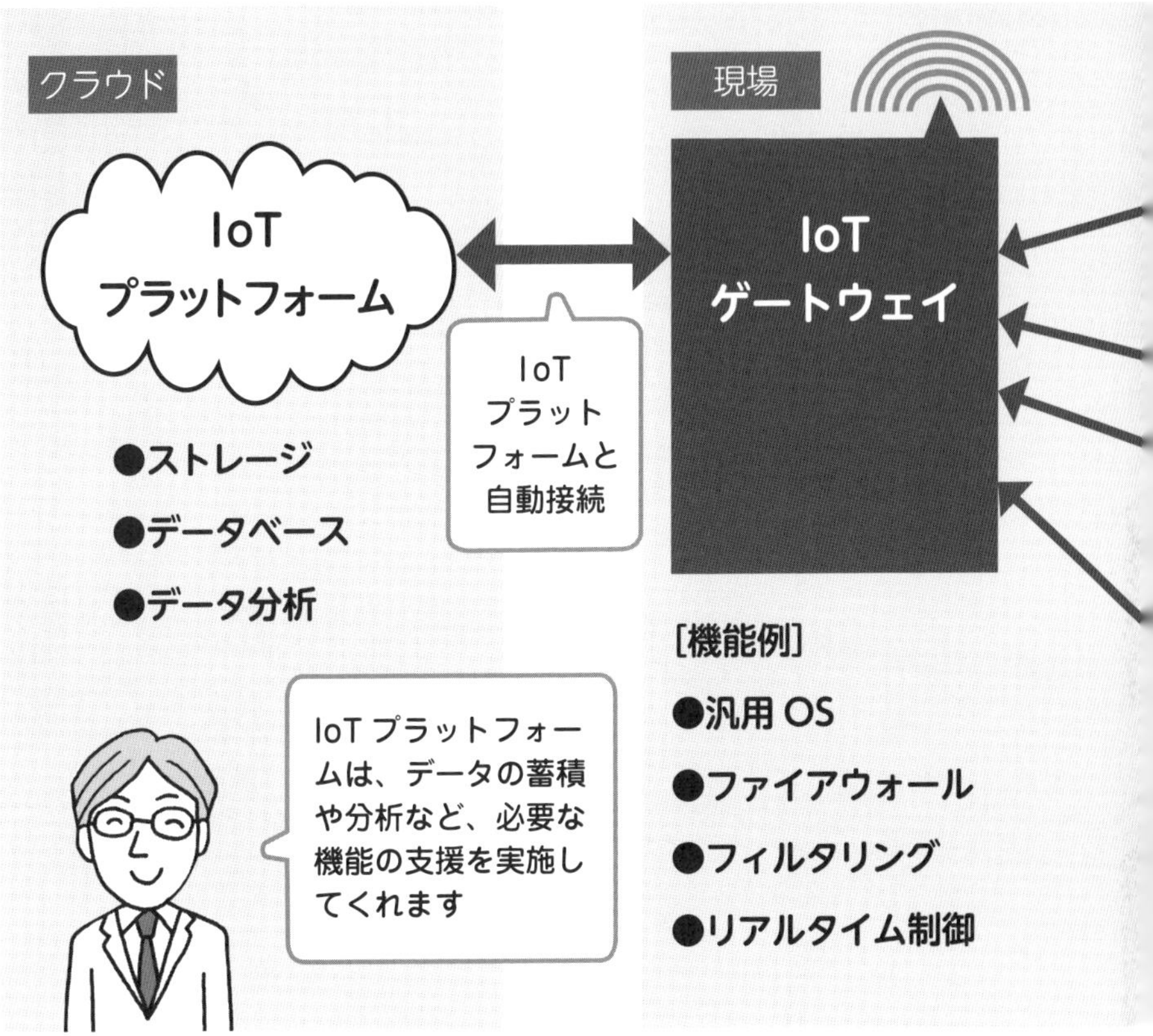

トウェイという中継器を介して、通信方式の違いを吸収することも可能です。IoTゲートウェイは上図でもあるようにUSB・Bluetoothなどの通信方式のデバイスと接続可能であり、上位の通信としてインターネット通信も実施できます。

ゲートウェイというのは通常のネットワークでも使用されますが、IoTゲートウェイの特徴は、IoTプラットフォームの設定を実施してくれることなどがあります。

IoTプラットフォームは、P48にて詳細を解説しますが、データの蓄積や分析など、IoTに必要な機能の支援を実施してくれるIoTの実行基盤です。

■インターネットの先にあるクラウド

IoTではクラウドでのデータ蓄積／分析が実施されることが多い

ＩｏＴを知るためには、クラウドの考え方は知っておきましょう。特にＩｏＴでは、クラウドでデータの蓄積や分析を実施することが多くなります。

クラウドとは、インターネットの先にある雲をイメージしており、そこで様々な処理を行います。そして、クラウドを使用すれば自前でサーバーなどの資産を購入しなくても、様々なサービスを受けることができます。自前でサーバーなどの資産を購入して運用していくことは、「オンプレミス」と表

クラウドとオンプレミスの比較

	クラウド
	業者が提供する資産を借りる
	登録をすればすぐに使える
	開始は低コストで可能（場合によっては無料で使える）。ただし、データ量や使用量によりコストが変化する
	カスタマイズ（動作変更）が容易ではない場合が多い
	比較的、容易にできる
	情報漏洩《ろうえい》などのリスクがある
	故障時の自動的な切り替えなどもクラウド側で実施してもらえるため、信頼性は高い
	インターネット経由のため容易

項目	オンプレミス
形態	自社で購入し運用する（資産となる）
準備	機器の調達や設置に期間がかかる
コスト	将来的な使用や拡張を考慮するため、初期費用が膨大
カスタマイズ（動作変更）	自社独自のカスタマイズ（動作変更）が容易
拡張	時間やコストがかかる場合が多い
セキュリティ	自社で対応しないといけないが、閉じた世界のため比較的安心
信頼性	自社にハードウェア資産があるため故障などのリスクは高い
問題対応	自社で対応できる技術者がいない場合は、社外の助けが必要

現します。

最近では、個人が使用する各種のサービスもクラウド化が進んでおり、Ｇメールなどのウェブメールやブロｐｂｏｘなどのオンラインストレージもクラウドで実現されています。

それでは、クラウドのメリットはなんでしょうか。上表に、従来の「オンプレミス」と「クラウド」の比較をまとめています。クラウドの一番のメリットは、準備期間が少なくすぐに利用可能であり、初期の投資費用が圧倒的に安価であることです。先ほど例に出した、Ｇメールも無料で使うことができます。

この「クラウド」のおかげで、中小企業も短期間で安価にＩＴ化を進めることができるのです。

■ＩｏＴプラットフォームとは？

ＩｏＴではクラウド技術を利用した各種のＩｏＴプラットフォームが活用可能

IoT プラットフォーム

IoT プラットフォームでできること

・端末管理　・ストレージ　・DB（データベース）

・データの収集／保存／加工　・データ処理／変換

・見える化　・データの異常検知　・画像監視

・情報の統計／分析　・開発支援　・３D処理

・アプリケーションの利用　etc.

なんでも揃《そろ》うため「クラウドコンビニ」とも呼ばれています

前項では、クラウドについて説明しました。このクラウドで実現されているのが、「ＩｏＴプラットフォーム」というＩｏＴの実行基盤です（Ｐ45参照）。ＩｏＴの実行基盤といわれてもわかりづらいかと思いますが、ＩｏＴの世界ではなにかを実施する場合に、自前で作るよりも既存の機能やツール・アプリケーションを活用したほうが手間がかからず、コストも安く済みます。これは、クラウドの考え方でもありますし、これからのＩｏＴ時代の考え方でもあり

● IoTプラットフォーム接続の流れ

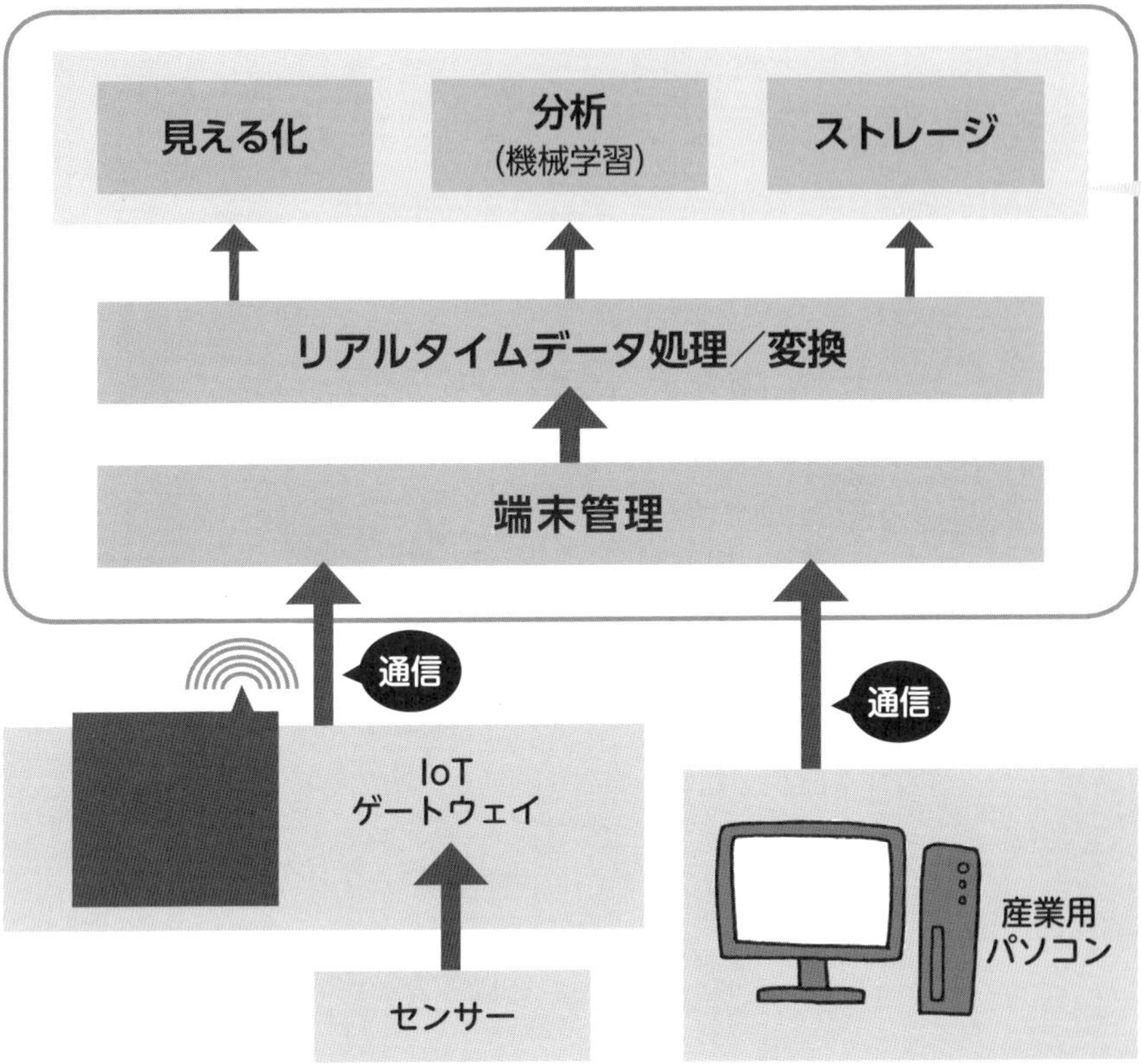

ます。

　それでは、ＩｏＴプラットフォームでなにができるでしょうか。上図のように、データの蓄積・分析を中心になにかを実施したいときに欲しいと思った機能やアプリケーションはほとんど揃っていると思ってよいでしょう。なんでも揃っているという意味で「クラウドコンビニ」ともいわれています。また、各プラットフォーマーから多数のＩｏＴプラットフォームが提供されています。やはり、シェアが高いのは、アマゾンのＡＷＳ（アマゾンウェブサービス）ですが、無料セミナーなどを各社が実施していますし、最初は無料で使えるので、自分に合った使いやすいものを選定することが可能です。

■IoTとビッグデータの関係

IoTによりビッグデータの収集が加速され有効活用されてきた

IoTとビッグデータ、そしてAI（人工知能）の関係についてはP16にて解説しています。ビッグデータは通常のデータベースでは処理ができないデータと定義されることもありますが、逆にこの定義の場合は、処理の能力を超えたという意味からなにもできなくなってしまいます。従って、社会に役立つあらゆる形のデータと考えてください。それらのデータは、テキストファイルや画像データなどが中心になります。

IoTにより、ビッグデータの収集は加速していますが、差別化の方法として①「既存の自社にしかないデータ」と②「新規に価値あるデータ」を③「融合」して、新たな発見をすることが重要です。

しかし、ビッグデータには、無《む》暗《やみ》にデータを収集して収拾がつかなくなった失敗事例が多数あります。つまり、紙と同様に整理がつかなくなり、クラウドコストも増大します。従って、ビッグデータ推進は「小さくはじめるビッグデータ」が重要です。

DB（Database）とは？

DBは「複数コンピュータで蓄積／検索が可能なように整理された情報の集まり」といわれます。ビッグデータ時代の前は、関係モデルといわれたRDB(Relational Database）のSQLプログラムが一般的でした。しかしビッグデータ時代では、様々な形の非構造データの処理のため従来とは異なるNoSQL※のDBが必要になっています。

※NoSQL：RDBを制御するSQL（Structured Query Language）以外を指す総称

ビッグデータの定義

ビッグデータとは？

・通常のデータベースでは処理ができないデータ
・非構造データ（テキストファイル、画像データなど）が中心

↓

NoSQL DB（データベース）での処理

●IoT（狭義のIoT）とビッグデータ、AIの関係

IoT技術	・あらゆるモノがつながるIoTにより、大量のデータが収集される
↓	
ビッグデータ	・データの種類が、従来の定型データからセンサーデータ、ウェブ上のテキストデータ、画像データなどの非定型なデータに移行
↓	
分析（AIなど）	・AIなどによる分析は、精度の高い大量のデータ（ビッグデータ）が必要（NoSQL DBの使用が加速）
↓	
業務効率化 品質改善 コスト低減 商品価値向上など	・AIなどによる分析により、いろいろな成果につながっている

無暗にデータを収集して収拾がつかなくなるという問題点が……。ビッグデータ推進のポイントは「小さくはじめるビッグデータ」です

ＩｏＴの本質は、データを分析し有効利用すること

ＩｏＴの本質は「収集したデータを有効活用すること」です（例えば業務改善をするなど）。それでは、データを有効活用するためにはなにが必要でしょうか。「統計手法」を理解していればよいのでしょうか。

「統計手法」は、統計学を利用し、収集したデータの傾向や性質を数量的に把握するための手法としてもちろん重要になりますが、収集したデータを説明（推論・判断）することが中心となります。

一方ＩｏＴ時代に求められる機械学習（Ｐ56参照）は、回帰分析（左頁《ページ》図）などでデータから未来を予測することが重要になります。

いずれにしても、前頁のビッグデータでも触れましたが、データ分析では目的を明確にし、目的に合ったデータを収集する必要があります。

また、収集データの精度を高くし、導き出された結果を素直に解釈し意思決定することが重要です。

特にＩｏＴでは継続したデータ収集が可能です。従って、継続したデータ分析が重要になります。

データサイエンティストとは？

データを分析し、分析結果をもとにビジネスへの貢献を実現する職業で、問題の原因究明や課題解決を図ります。そのためには①業務の分析技術、②問題の把握能力、③統計学や機械学習のスキル、④IT全般の能力、⑤新たな知見を発見できる能力などが必要です。ビッグデータ活用の重要性とともにデータサイエンティストが注目されています。

データ分析を有効活用するために

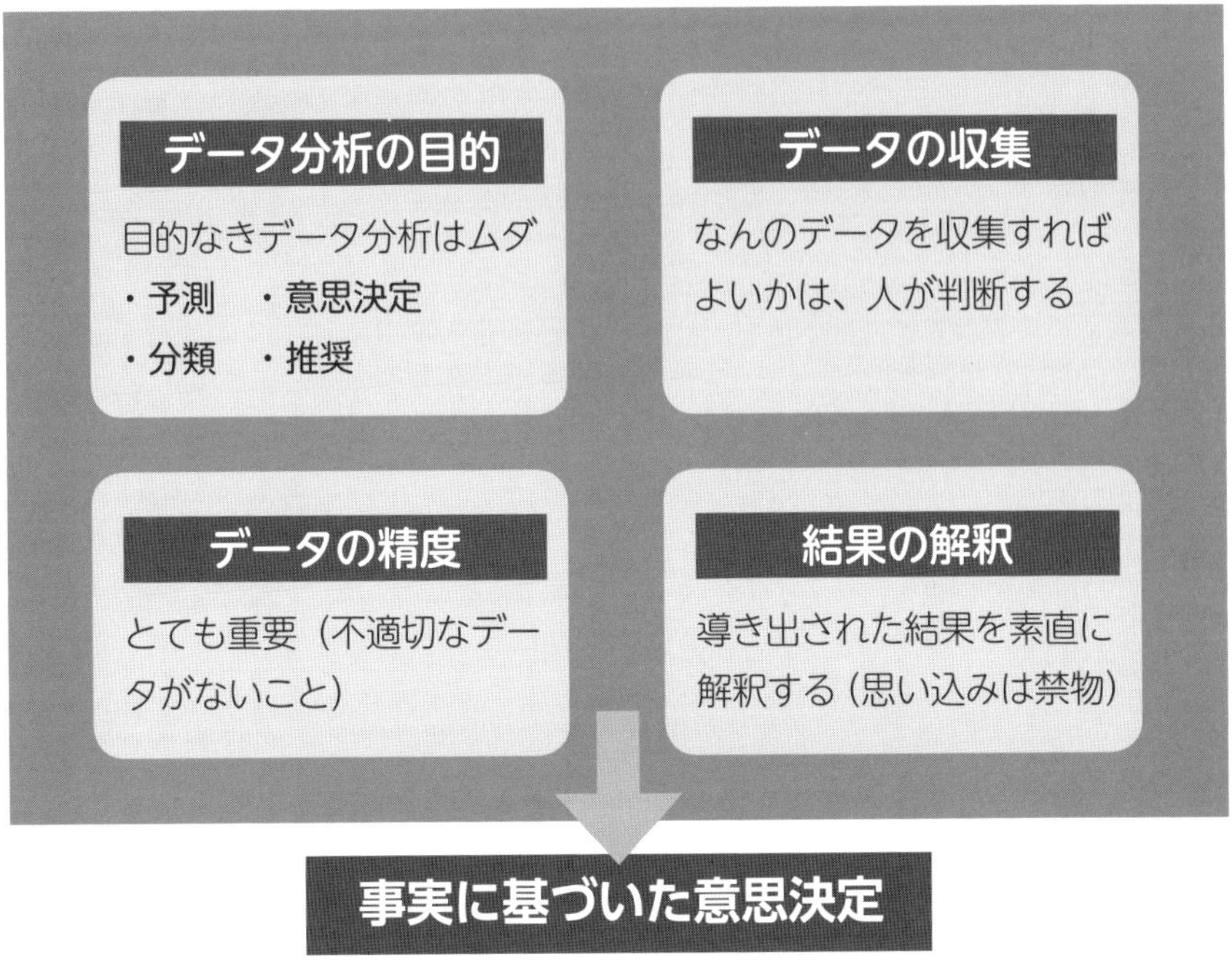
データ分析の目的
目的なきデータ分析はムダ
・予測　・意思決定
・分類　・推奨
データの収集
なんのデータを収集すればよいかは、人が判断する
データの精度
とても重要（不適切なデータがないこと）
結果の解釈
導き出された結果を素直に解釈する（思い込みは禁物）
事実に基づいた意思決定

●回帰分析

相関関係があると思われる二つの変数の傾向を分析することで、将来的な値を予測するための回帰直線を求めるための手法

単回帰分析 ●一つの要因（データ）から予測ができる場合

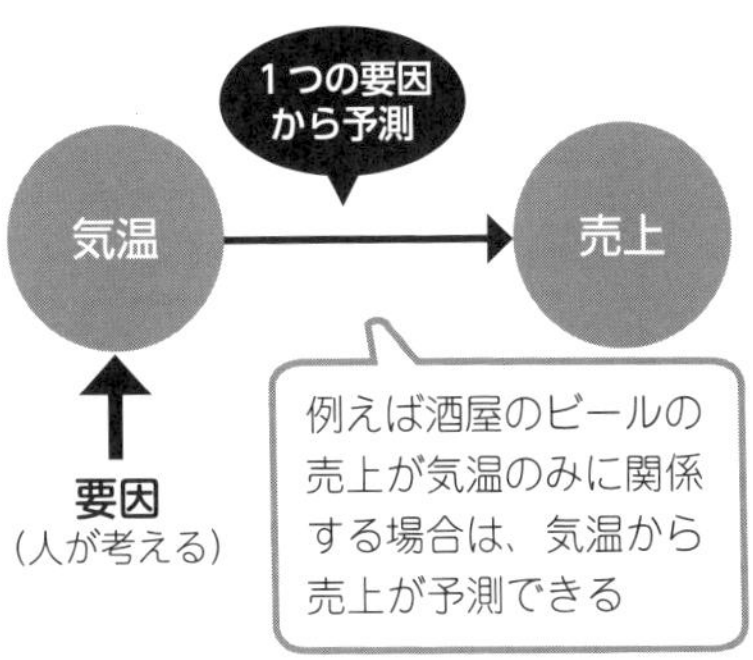
1つの要因から予測
気温
売上
要因
（人が考える）
例えば酒屋のビールの売上が気温のみに関係する場合は、気温から売上が予測できる

重回帰分析 ●業務でデータ分析を実施する場合

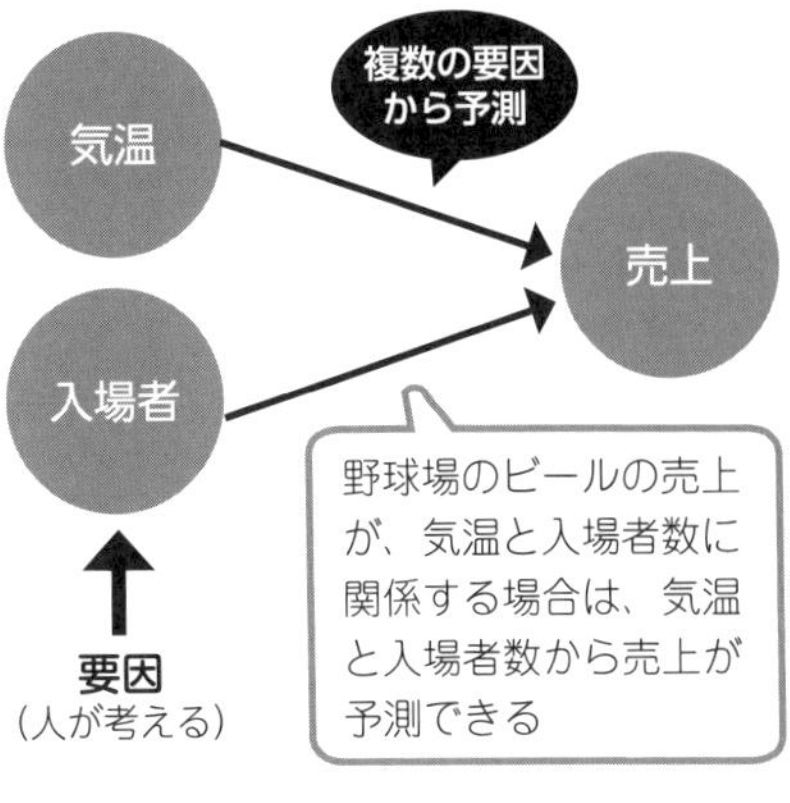
複数の要因から予測
気温
入場者
売上
要因
（人が考える）
野球場のビールの売上が、気温と入場者数に関係する場合は、気温と入場者数から売上が予測できる

データ分析はエクセルなどの表計算ツールやフリーツールでも可能

エクセルでのデータ分析例

①ヒストグラム QC（品質管理）七つ道具の一つとして、データの分布（ばらつき）状況を「見える化」するグラフ

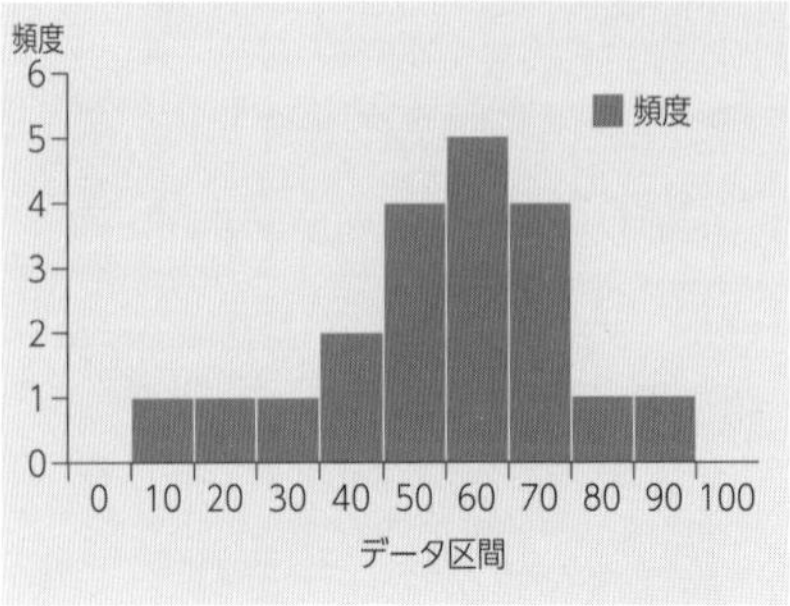

製品の検査データのばらつきや購入者の年齢の「見える化」など利用方法は多岐にわたる

②相関分析 二つのデータの関係度合いの分析であり、度合いが数値で表される

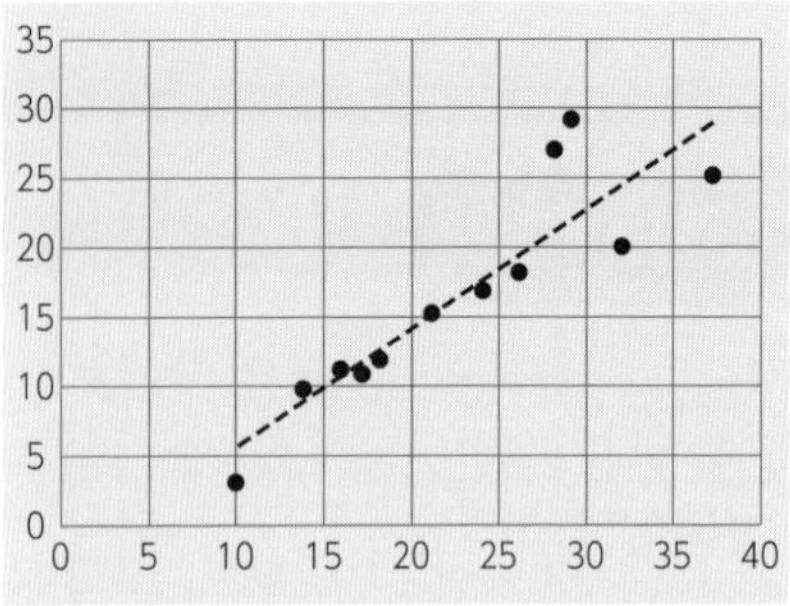

当例では決定係数 R^2 が 0.8025 で、高い相関があるといえる。また相関関係がある場合は回帰直線が作成できる

前項では、データ分析の重要性について解説しました。では、データ分析を実施する際には、高度なスキルやツールが必要でしょうか。答えは「Ｎｏ」です。

実はエクセル（表計算）ツールを使えば、かなりのデータ分析ができるのです。上図は、エクセルで実施した①ヒストグラムの作成、②相関分析（二つのデータの関係度合いの分析）、③単回帰分析（一つのデータからもう一つのデータの予測）、④重回帰分析（二つ以上のデータから別のデータの予

⑤回帰分析結果

気温	来場者	売上	単回帰分析での予測	重回帰分析での予測
14	34	10	9.0	8.8
26	58	18	19.4	20.3
18	44	12	12.5	13.1
32	49	20	24.5	20.5
17	37	11	11.6	10.9
24	49	17	17.7	17.1
28	75	27	21.1	25.6
21	45	15	15.1	14.7
16	44	11	10.7	12.3
29	84	29	22.0	28.4
10	15	3	5.6	2.1
37	55	25	28.9	24.2

3列目の実際の結果に対し、それぞれ単回帰分析と重回帰分析で予想した結果の比較（右のグラフはその結果を表したもの）

③単回帰分析

一つの要因（データ）から結果を予測する方法

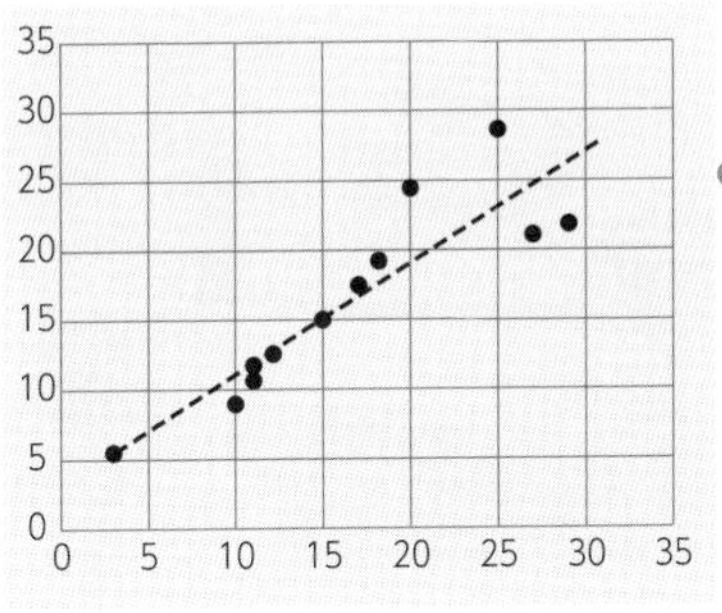

左のグラフは実際の結果と単回帰分析をエクセルで実施した予測結果の比較

④重回帰分析

複数の要因（データ）から結果を予測する方法

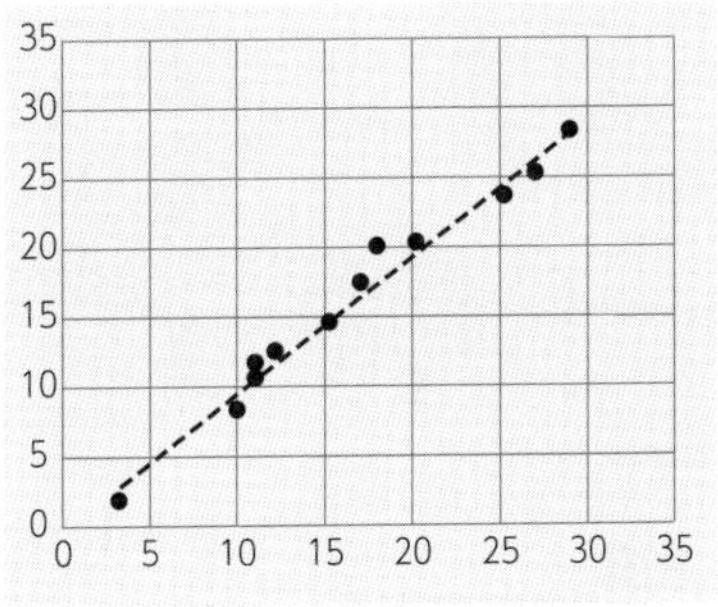

左のグラフは実際の結果と重回帰分析をエクセルで実施した予測結果の比較

測）の結果です。エクセルのデータ分析機能は通常の初期設定ではオフになっているため、アドイン※設定が必要です。まずデータ分析の基礎を理解するためには、エクセルのデータ分析機能を使ってみるのがお勧めです。特に①ヒストグラムの作成、②相関分析、③単回帰分析、④重回帰分析などは、それほど統計やデータ分析の知識がなくても容易に実施できます。

また、フリーのツールでも機械学習が可能です（P58参照）。単なる知識が、実際にデータ分析をしてみることにより、より深い理解が得られ、「データ分析の目的」から「その目的に合ったデータの収集」、また、「結果の考察」などの実践的な習得につながることになるでしょう。

※アドイン：ソフトウェアへ機能を追加するプログラムや手続きのこと。

■人工知能ってなんでもできるの？（1）

AIと従来の自動化との違い、いろいろな用語との関係

自動化とAIの違い

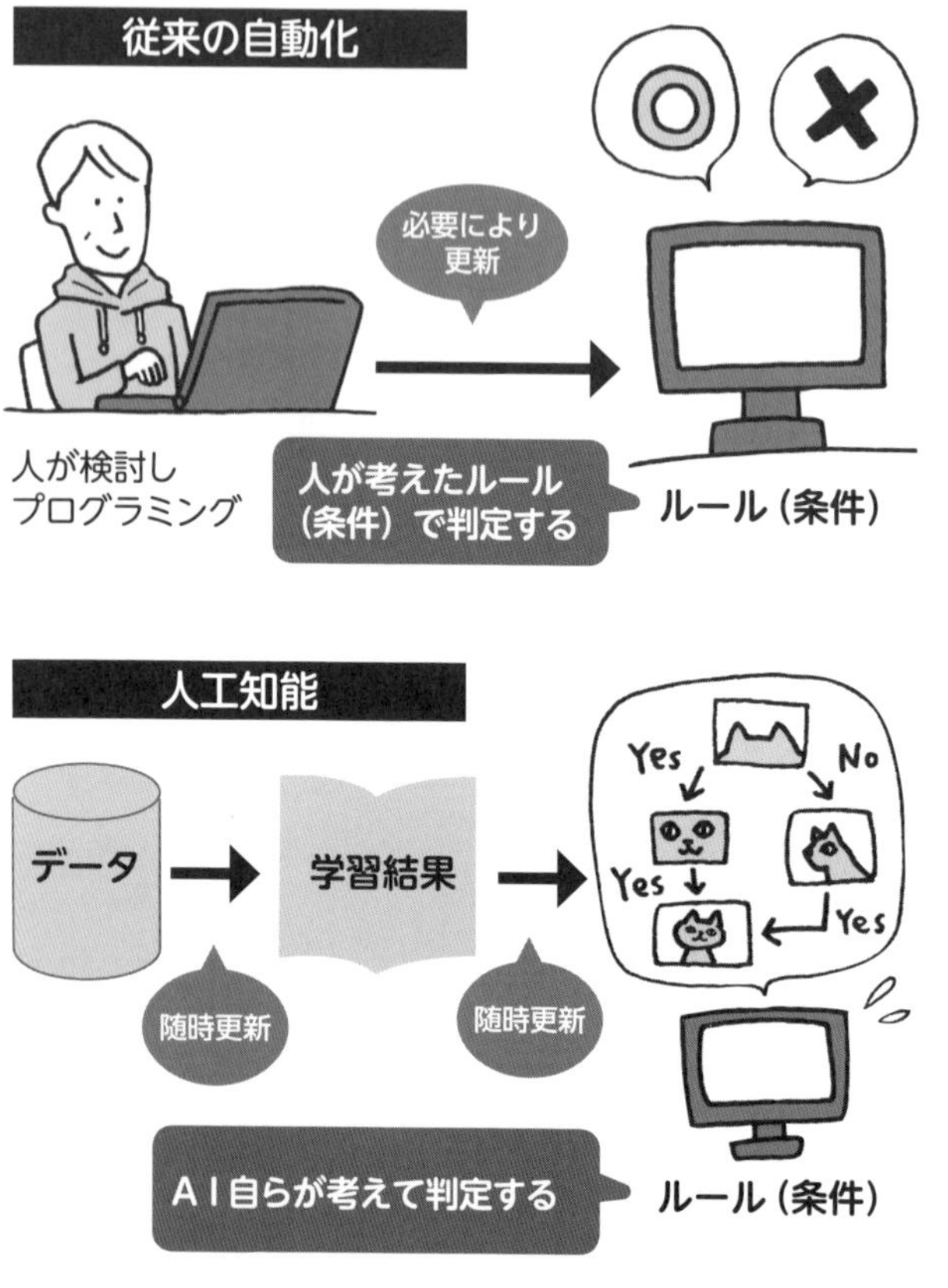

ＡＩの特徴を一言で表すと「自律化」です。この「自律化」は、P20のIoTの第4ステップで出てきた言葉であり（コラムも参照）、またP24の第4次産業革命のキーワードでもあります。

従来の「自動化」は、人が論理（ロジック）を考えプログラミングによりルールを作っていました。数字の判定やロボットの動作でも全て人が考えた判定論理で動いていました。一方、ＡＩによる自律化は、データを入力しＡＩが学習することで、論理（ロジック）／

本書をお買い上げいただき、誠にありがとうございました。
質問にお答えいただけたら幸いです。

◎ご購入いただいた本のタイトルをご記入ください。

『

★著者へのメッセージ、または本書のご感想をお書きください。

●本書をお求めになった動機は？

①著者が好きだから　②タイトルにひかれて　③テーマにひかれて
④カバーにひかれて　⑤帯のコピーにひかれて　⑥新聞で見て
⑦インターネットで知って　⑧売れてるから／話題だから
⑨役に立ちそうだから

生年月日　西暦　年　月　日（　歳）男・女				
ご職業	①学生	②教員・研究職	③公務員	④農林漁
	⑤専門・技術職	⑥自由業	⑦自営業	⑧会社役
	⑨会社員	⑩専業主夫・主婦	⑪パート・アルバイト	
	⑫無職	⑬その他（		

このハガキは差出有効期間を過ぎても料金受取人払でお送りいただけま
ご記入いただきました個人情報については、許可なく他の目的で使用
ることはありません。ご協力ありがとうございました。

郵 便 は が き

料金受取人払郵便

代々木局承認

6948

差出有効期間
2020年11月9日
まで

1 5 1 8 7 9 0

203

東京都渋谷区千駄ヶ谷 4 - 9 - 7

(株) 幻 冬 舎

書籍編集部宛

1518790203

ご住所 〒

都・道
府・県

フリガナ
お名前

メール

ンターネットでも回答を受け付けております
ttp://www.gentosha.co.jp/e/

面のご感想を広告等、書籍の PR に使わせていただく場合がございます。

舎より、著者に関する新しいお知らせ・小社および関連会社、広告主からのご案
送付することがあります。不要の場合は右の欄にレ印をご記入ください。

不要 □

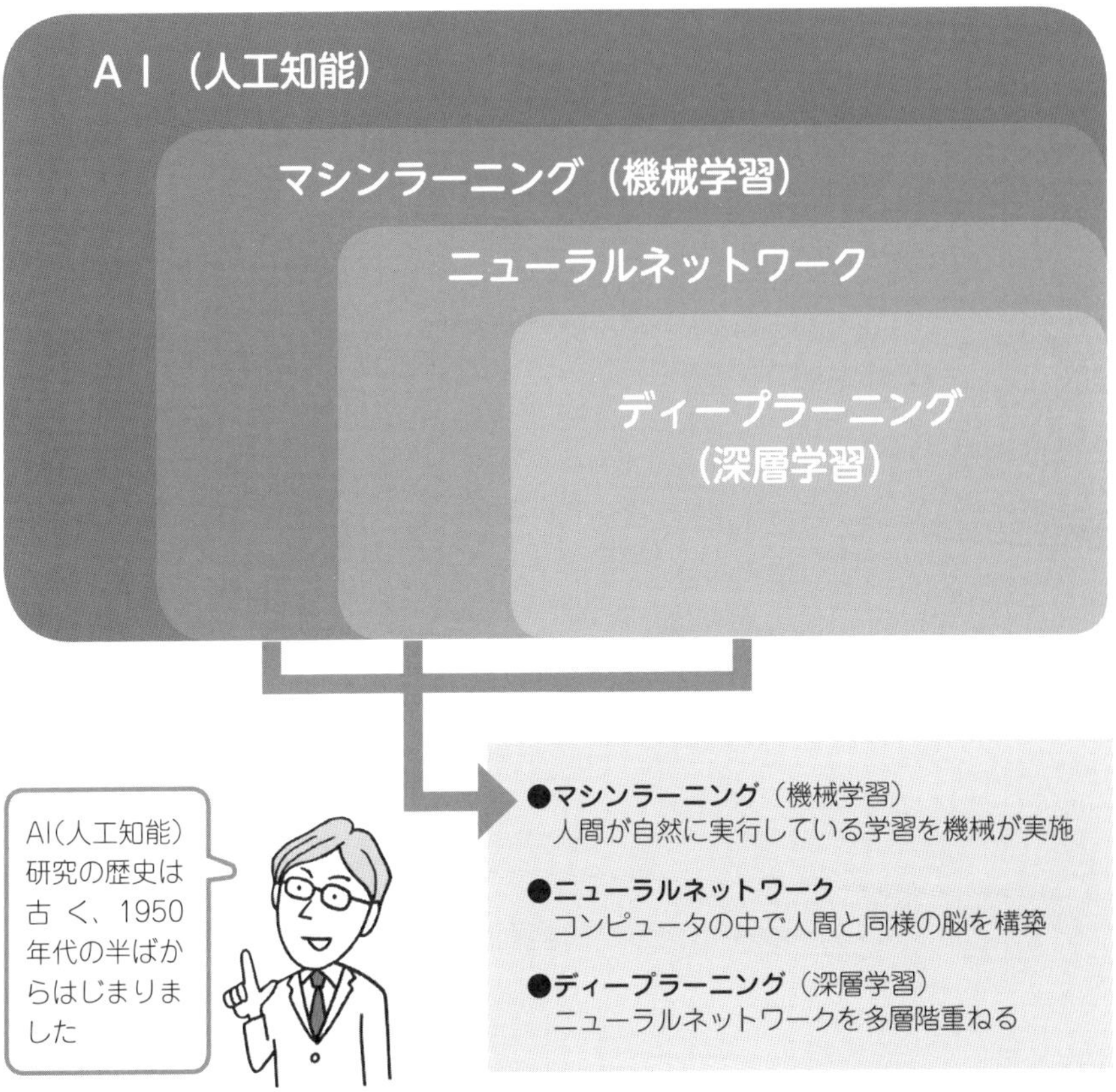
AI（人工知能）
マシンラーニング（機械学習）
ニューラルネットワーク
ディープラーニング
（深層学習）
●マシンラーニング（機械学習）
人間が自然に実行している学習を機械が実施
●ニューラルネットワーク
コンピュータの中で人間と同様の脳を構築
●ディープラーニング（深層学習）
ニューラルネットワークを多層階重ねる
AI(人工知能)研究の歴史は古く、1950年代の半ばからはじまりました

ルールをAI自らが考えてくれます。例えば、数字画像を入力して1、2、3などと教えると、どういう形をしていれば1なのか2なのかを考えてくれます。猫の画像を認識したことで有名な「Google猫」は、膨大な画像データに「猫である」か、「猫ではない」かの結果を付加することでAIが猫の判定をすることが可能になりました。

AI・マシンラーニング（機械学習）・ニューラルネットワーク・ディープラーニングなどの関係はどのようになっているでしょうか（上図参照）。ニューラルネットワークがコンピュータの中で脳を構築し、それらを多層化したものがディープラーニングになります。

■人工知能ってなんでもできるの？（２）

ＡＩの進化は大きいが、ＡＩは発展途上（できないことのほうが多い）

ＡＩの活用と手法・活用例

用途	内容	主な手法	活用例
次元圧縮	データ次元を圧縮（教師なし）	・主成分分析 ・特異値分解 ・潜在的ディリクレ配分法	・顔認証 ・商品類似性可視化
クラスタリング	データのグループ化（教師なし）	・**ｋ平均法** ・混在正規分布モデル ・群平均法	・購買傾向分類 ・データ異常アラート
回帰	数値を予測（教師あり）	・**線形回帰** ・ベイズ線形回帰 ・回帰木	・販売予測 ・機械の故障予知
クラス分類	クラスの割り当て（教師あり）	・**ロジスティック回帰** ・ＳＶＭ ・**ニューラルネットワーク** ・決定木（分類木） ・ベイズ推定	・案内状送付 ・有望客判断 ・迷惑メール判定 ・クレジットカード不正使用
		・**ディープラーニング**	・文字認識 ・画像認識 ・音声認識

ＡＩは１９５０年代から研究がはじまり、今までに２回のブームがありましたが実用化に至らず、現在３度目のブームといわれています。この３度目のブームの背景には、ＩｏＴでのビッグデータの成長があります。また、次項で詳細を説明しますが、ディープラーニングの出現で流れが大きく加速しました。しかしながら、人間がやっていることを全てＡＩが実施してくれるわけではなく、未《いま》だデータ分析の一部をやってくれるという状況です。つまり、「目的

クラスタリング

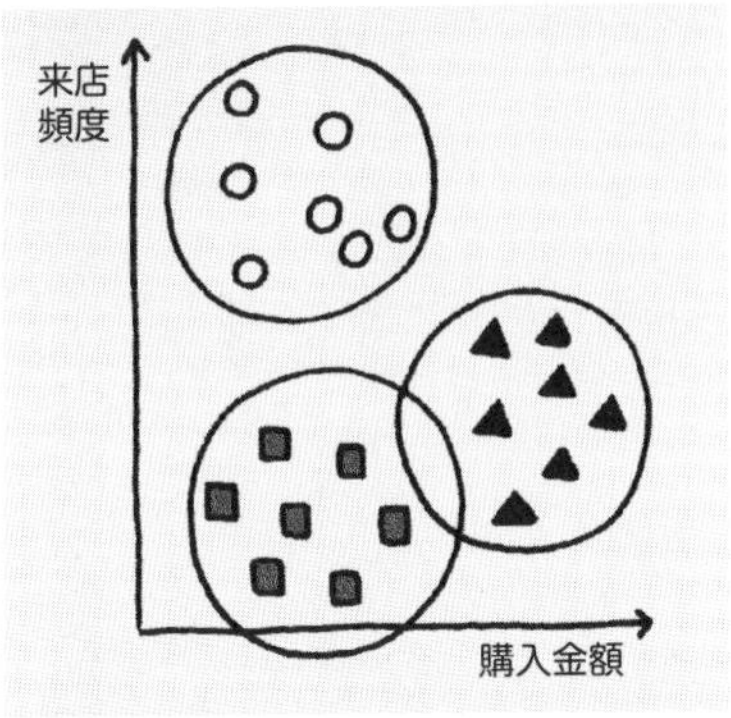

次元圧縮

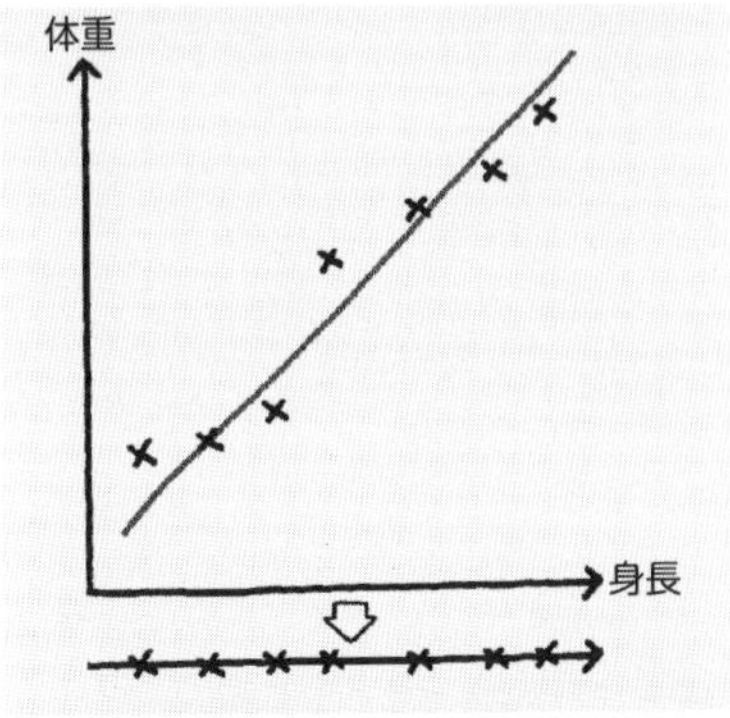

クラス分類

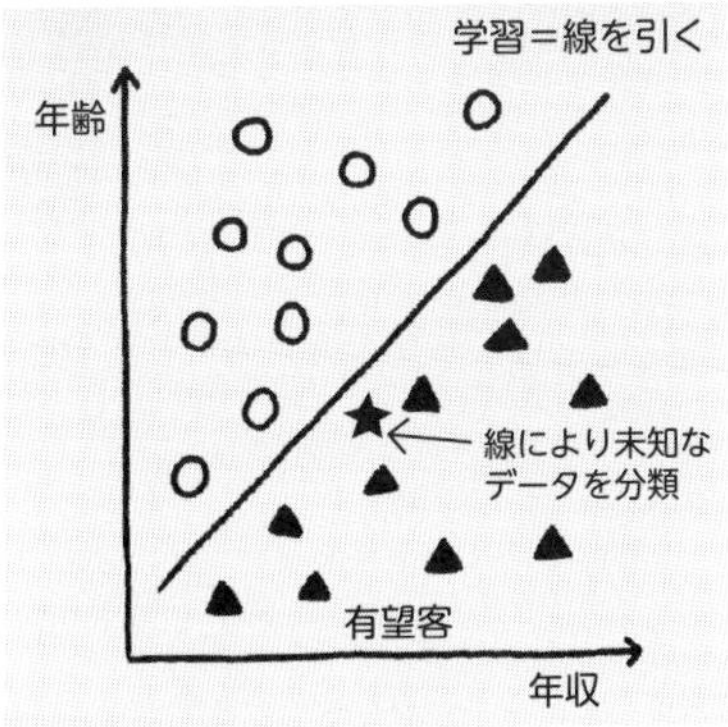

回帰

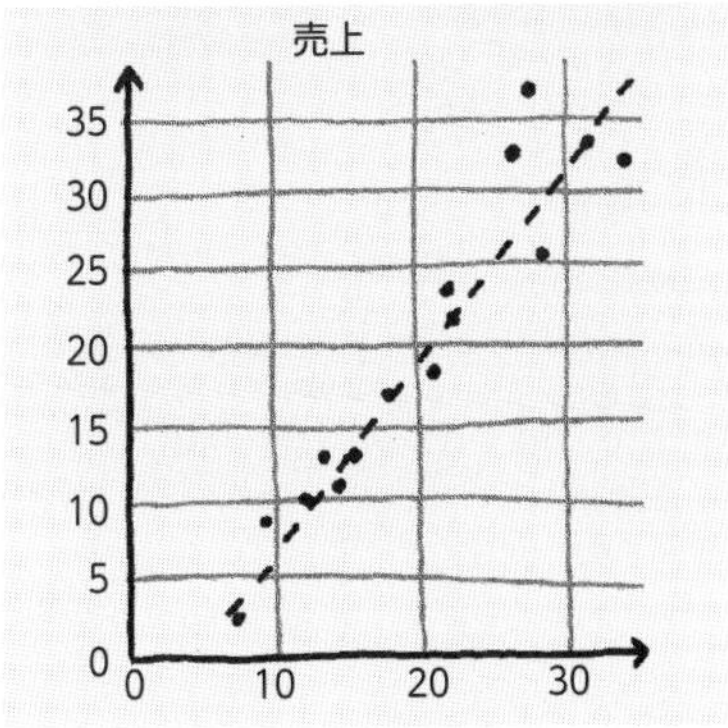

を考えなんのデータを取得すればよいか？」などは人間が考えなくてはいけません。

●現在のＡＩにできること

右頁《ページ》図に主なＡＩの用途と手法・活用例をまとめました。

大きく二つに分類すると①「教※師なし学習の次元圧縮、クラスタリング」、②「教※師ありの回帰、クラス分類」に分かれます。

Ｐｙｔｈｏｎなどのフリーソフトでも、クラス分類やクラスタリングなどの機械学習が可能です。

前項の「数字判定」「Ｇｏｏｇｌｅ猫」、故障した際のセンサーデータなどからの故障予知、また、検査員の検査の合格／不合格から画像判定での検査のＡＩ化などは正解を教える教師あり学習です。

※教師なし学習：正解はない状態での学習、未知のデータの特徴を発見できる
※教師あり：機械に質問と回答（ラベル）を同時に教える。回帰、クラス分類などに利用

■人工知能ってなんでもできるの？（3）

目を持ったディープラーニングによる今後のＡＩの活用

ディープラーニングは、ニューラルネットワークを多層化したものだと説明しました。それでは、ディープラーニングはなにがすごいのでしょうか。

まず、大きな話題になったのは、「Ｇｏｏｇｌｅの猫画像認識」、同じく「Ｇｏｏｇｌｅのアルファ碁」、将棋界においても名人を破った「Ｐｏｎａｎｚａ（山本一成氏作のＡＩソフト）」などです（現在、Ｐｏｎａｎｚａはプロ棋士の教師という面を持っています）。

ディープラーニングは自らが特徴となるべくパラメータ（特徴量）を見つけることで、実用化レベルの画像認識が可能になりました。

噛《か》み砕いて説明するとコンピュータ・ＡＩが「目」を持つことになったわけです。この「目」を持つことにより、医療の画像認識や自動車の自動運転分野などにおいて、今までは人でしか実施できなかったものがＡＩ（人工知能）で実施できるようになりました。

しかし、このディープラーニングは、論理が非常に複雑なため、選択された結果の根拠（理由）が不明になり、安全性／信頼性（説明責任）が求められる領域への適用は難しい面があります。

ディープラーニングで一気にAIブームに火がつきました。ディープラーニングは無限の可能性があるともいえます

ディープラーニングによる今後のAIの活用

2012年 **Googleの猫画像認識**

2016年 **囲碁のAIソフト：Googleのアルファ碁**

が世界チャンピオンに勝利

2017年 **将棋のAIソフト：山本一成氏のPonanza**

が名人に勝利

2018年 **検査の合格／不合格判定**

医療の画像認識／自動運転など

ディープラーニング適用の問題点

安全性／信頼性が求められる領域への適用は難しいです

未来

2×××年 **汎用的なAIにより、**

人間と同様のことが可能に

さらにシンギュラリティ（特異点）が到来し、
AIが人間を超え、世界がAIに征服される？

パーソナルロボットや工場などで使われる産業用ロボットも進化している

ＩｏＴやＡＩでロボットというと大きく次の３つの領域があります。上図の（１）は「人型ロボット」といわれ、顧客を認識し店舗の受付や案内などを実施してくれます。（２）は「産業用ロボット」といわれ、工場などの作業や加工・組立てなどを実施します。（３）は「ソフトウェアロボット」といわれ、最近ではＲＰＡ（Robotic Process Automation：ロボットによる業務自動化／自律化）などともいわれます（P26コラム参照）。

ロボットの分類と進化

●IoTやAIにおけるロボットの分類

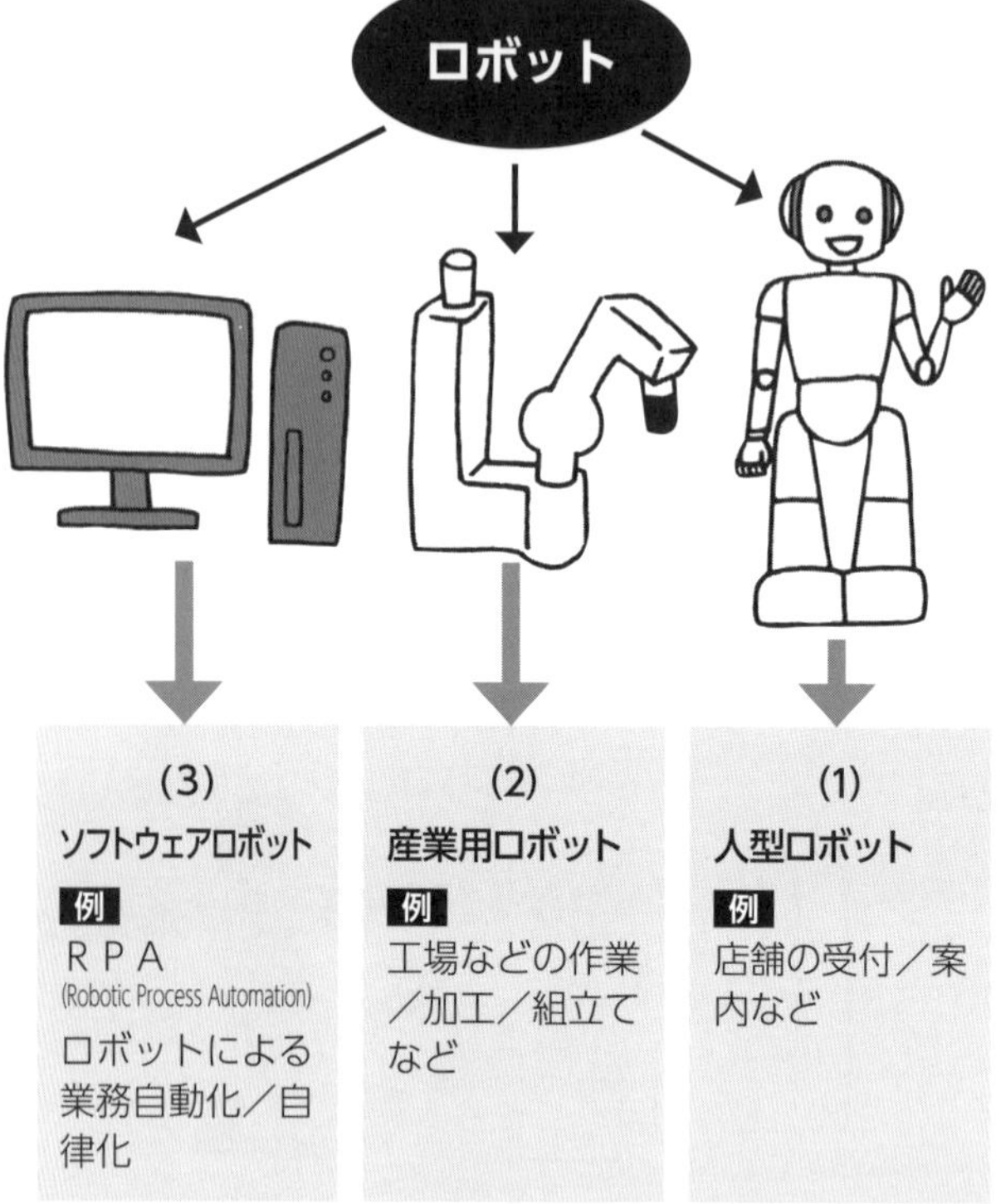

●産業用ロボットの進化

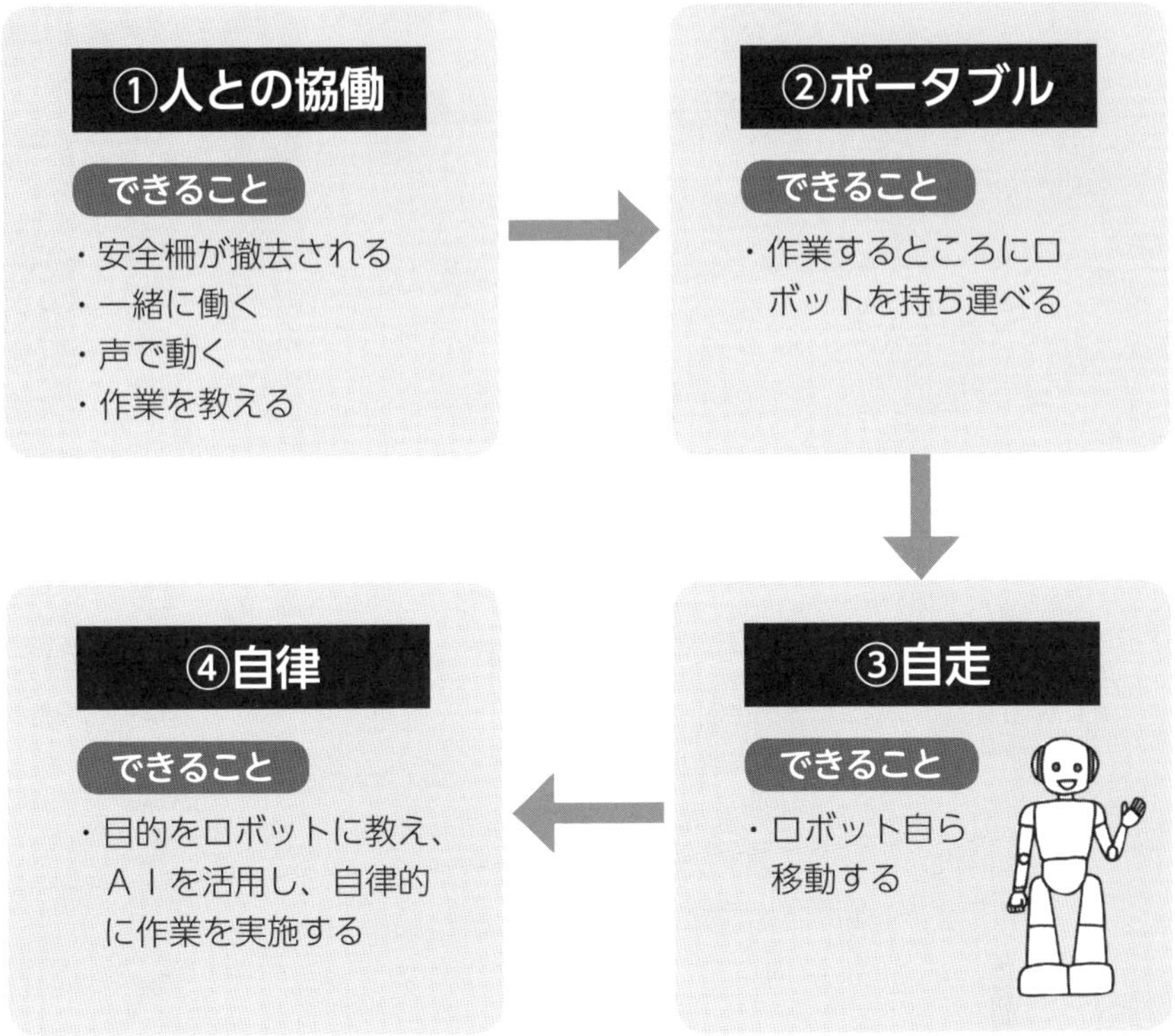
①人との協働
できること
・安全柵が撤去される
・一緒に働く
・声で動く
・作業を教える
②ポータブル
できること
・作業するところにロボットを持ち運べる
③自走
できること
・ロボット自ら移動する
④自律
できること
・目的をロボットに教え、ＡＩを活用し、自律的に作業を実施する

いずれも、ＩｏＴがＡＩ（人工知能）と組み合わさり、自律化（Ｐ20コラム参照）の動きがあります。

●産業用ロボットの進化

特に前述の（2）「産業用ロボット」は上図のように進化していくといわれています。最近の産業用ロボットは安全性が保証されれば安全柵が不要となり、①「人との協働」が実施できるようになりました。次に②「ロボットが持ち運びできる」、③「ロボット自らが移動する」、④「最終的にロボットが自律化する」というように進化します。この結果、大量生産に使用されていたロボットが多品種少量生産や個別生産にも対応できるようになり、第4次産業革命の大きな流れの一つになります。

■VR（仮想現実）とAR（拡張現実）

VRとARを活用することで、仕事の改善が図られる

VRとARの違い

VR（仮想現実）

仮想の世界を、現実のように体験すること

・ヘッドマウントディスプレイで、作業状況を疑似体験

・工場や物流の動きを仮想化（含むシミュレーション）して確認

【例】プレイステーション

ここでは、IoTを有効活用する際の、VR（仮想現実）とAR（拡張現実）という技術について解説します。

VR（Virtual Reality 仮想現実）は「仮想の世界を、現実のように体験すること」です。プレイステーションなどのゲームなどにも利用されているのでお馴《なじ》染みかもしれません。AR（Augmented Reality 拡張現実）は「現実世界で人が見える情報などに、別の情報を加えること」です。『ポケモンGO』などはARで動作します

AR（拡張現実）

現実世界で人が見える情報などに、別の情報を加えること

・スマートグラスやタブレットで、人が実際に見る情報やカメラが写した情報に、工場や設備の情報を加えることで、見える化／シミュレーション／保守作業が可能となる

・自動車のナビゲーション画像をフロントガラスに直に映し出す

・血管の熱シグネチャーを画像化し患者の肌に重ねて表示

【例】『ポケモン GO』
『snow（スノー）』

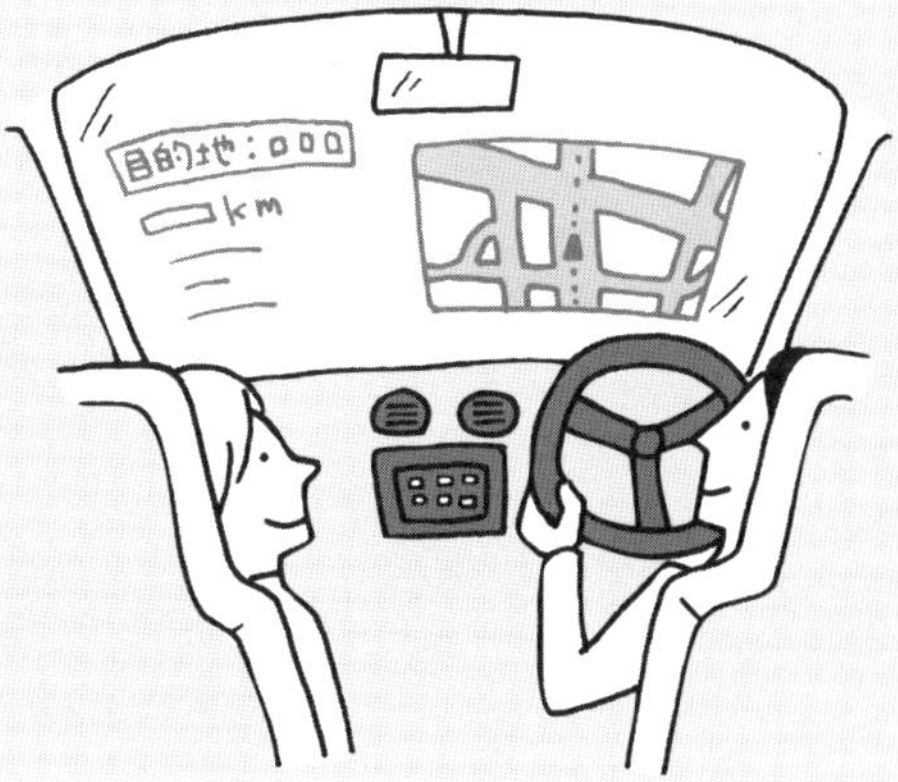

（現実世界にキャラクターなどを付加する）。

●具体的な活用事例

ＶＲは、従来は物理的な世界で確認していたことが、仮想空間（デジタル世界）で確認できるため、実際になにかを実施する前の体験や改善が可能になります。

ＡＲは、スマートグラスやタブレットで見えている物理世界にマニュアルや作業動画を追加することで、作業者の動作の手助けを実施してくれます。スマートグラスやタブレットがＩｏＴでつながり、情報が付加される場合や、写っている画像を認識し、必要な情報を自動で付加するなどの方法があります。

仮想通貨の中核技術であるブロックチェーンはIoTと相性が良い

仮想通貨の中核技術であるブロックチェーンという技術を聞いたことはあるでしょうか。このブロックチェーンという技術は、情報をチェーン管理し、多数のコンピュータに「分散公開データ管理」することで中央管理者（政府や中央銀行）がいなくても通貨の取引を記録し改ざんができないしくみを実現しています。この結果、国境がないグローバルな通貨が実現可能になりました。このしくみのポイントは、データを公開し、多数のコンピュータに保存することで管理できることです。

●IoTと相性が良い理由

このブロックチェーンは、前述の通り、多数のコンピュータ上で管理するので、IoTにより多数のコンピュータがつながることでコンピュータ上での管理がしやすくなります。さらにいうと、そのコンピュータがパソコンやスマホでなくても他の目的に使用されるIoT機器を利用してもかまいません。ある程度の信頼性が必要な情報の管理が、このブロックチェーンで可能になります。例えば、カーシェアリングに使われる情報、病院の診療情報なども、このブロックチェーンで管理が可能です。

ブロックチェーンはスマートコントラクトといわれる契約情報の管理にも応用可能です

仮想通貨のブロックチェーン

仮想通貨の4つの特徴

①デセントライズド ──→ 中央管理者がいない
②デレギュレーション ──→ 規制がない
③ディスインターミディエーション ──→ 仲介者がいない
④グローバリゼーション ──→ 国境がない

●ブロックチェーンで管理できるデータ

・カーシェアリング情報・病院の診療情報・自動車の充電情報・不動産情報
など多数

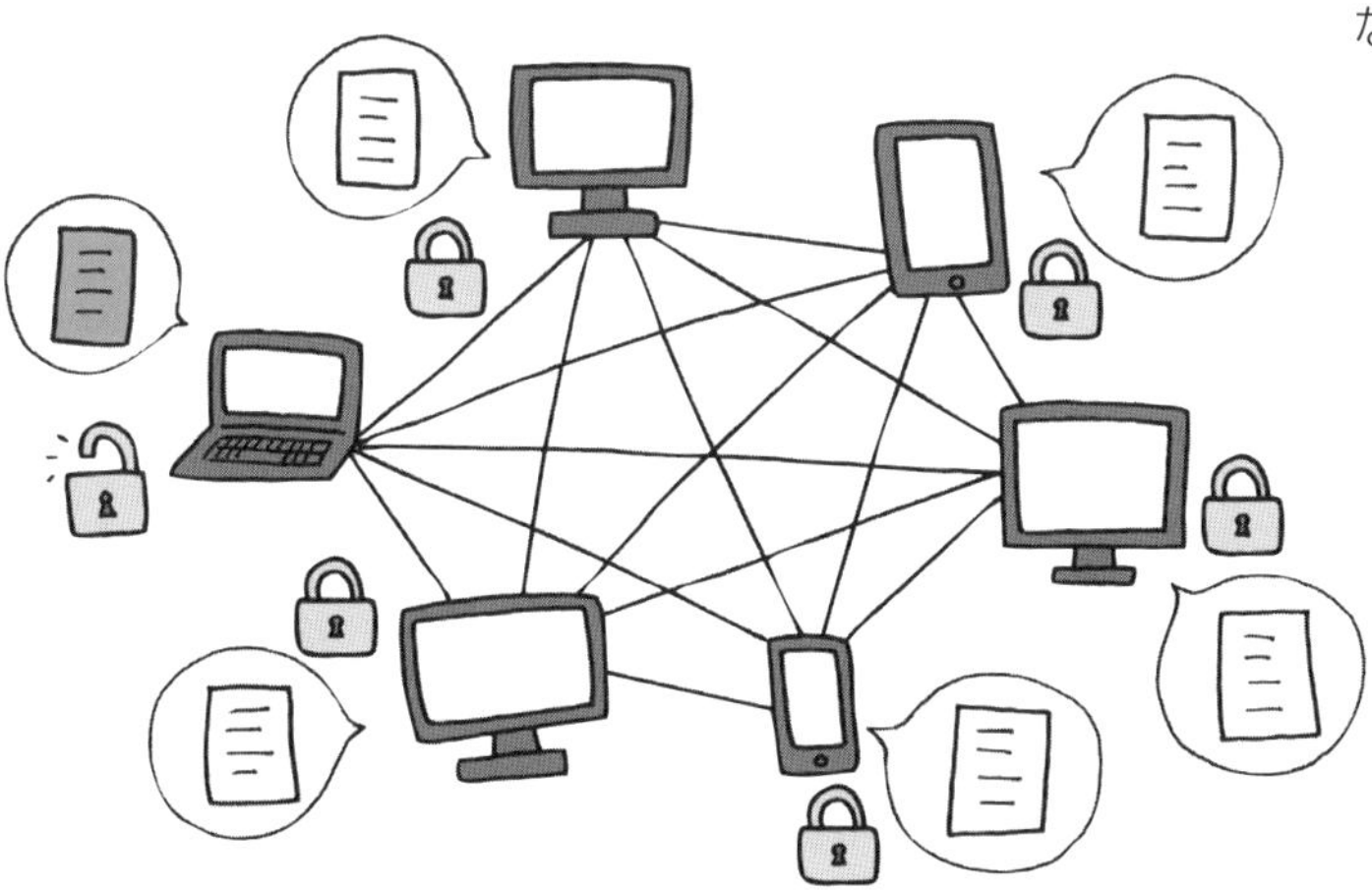

スマホの普及と仮想通貨

日本においてもスマホの普及は目覚ましいものがありますが、世界の国々、特に発展途上国では違った事情があります。これらの国々では、固定電話のインフラが整っておらず、またATMが近くにないなどの事情からスマホが普及し、スマホで決済が可能なシステムが進展してきました。特に国境がない仮想通貨は、自国の通貨が不安定なほど魅力ある通貨になります。仮想通貨に限らず、海外ではスマホによる決済があたりまえになっており、治安の問題もあり、財布を持ち歩かない習慣が根づいてきています。

ドローンにより自動宅配や3D測量が可能に！

ドローンとIoT

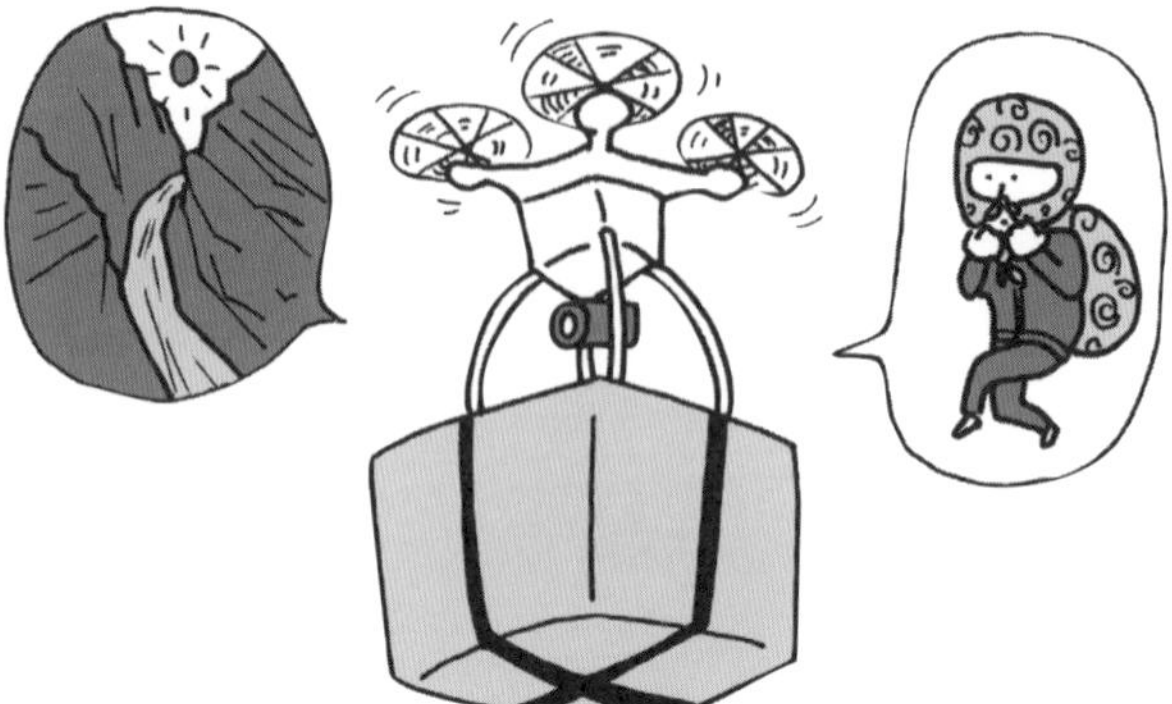

ドローンとIoTがつながると……

①宅配などの物流の効率化など

②カメラによる防犯対策など

③ 3Dカメラによる立体映像取得

↓

測量精度向上／工事の自動化

皆さんにとっては、ドローン（無人航空機）は馴染《なじ》み深いかもしれません。特に、上空からの迫力ある映像が取得できることなどが一番に思い浮かぶ用途かもしれません。ドローンはP22による8階層分類では、⑦のエッジデバイス（無線で制御されるIoT機器）ともいえます。

●ドローンでできること

このドローンにより、次のことが可能になります。

①過疎地や一人暮らしなど外出

ドローン規制法

- 一定以上の高さでの飛行禁止
- 人家などの密集地域での飛行禁止
- 夜間の飛行禁止
- 空港周辺での飛行禁止
- 催し会場上空への飛行禁止
- 国の重要な施設、外国公館、原子力事業所などの周辺への飛行禁止
- 私有地の上空への飛行禁止
- 目視（直接肉眼）の範囲外での飛行禁止（周囲の常時監視）
- 第３者（モノ、車、人など）と一定以内への飛行禁止
- 危険物の輸送禁止
- 物の投下の禁止
- 電波法の遵守／道路交通法など法律の遵守　　など

注）許可を受けた場合は飛行可能になる場合がある

ドローン飛行や自動運転などの革新的技術を事業化（または実証実験）する目的で、地域や期間を限定して現行法の規制を一時的に停止するサンドボックス制度も実施されています

困難な場所にモノを届けるサービスは、単なる宅配ではなく、IoTによってつながることにより必要なモノを迅速に、また不足することなく最適なモノの供給へつながります。

　②ドローンによるカメラでの監視は、防犯だけではなく、外のあらゆるモノの状況を監視できるため、モノに取りつけたセンサーなどとの連動により監視がさらに強化されます。

　③ドローンにより3Dデータが取得できることで、土木工事などでの測量精度の向上から不足土量が正確に見積もれるだけでなく、工事の自動化が促進されます。ただし、ドローンは法律による規制もあり、使用には注意が必要です。

■ウェアラブルデバイスとは？

ウェアラブルデバイスにより いろいろな業務の改善が可能

ウェアラブルデバイスとは、身につけられるIoTデバイスのことです。前頁のドローンと同様にP22による8階層分類では、⑦のエッジデバイスともいえます。当然ですが、身につけているということは、スマホと違って両手が自由な状態を維持できます。

●ウェアラブルデバイスの種類

身につけられれば全てウェアラブルデバイスと呼べるので、種類は多数存在しますが、代表的なのは次のものです。

①ヘッドマウントディスプレイ／スマートグラス（メガネ）
②スマートウォッチ
③衣服のコンピュータ化など

●ウェアラブルデバイスの用途

右記の①はVR／AR（P64参照）に使われることが多くあります（動作確認やマニュアルや作業動画を追加）。また、人が見ている画像データをそのまま別の場所へ送信可能です。

②③は人の生体情報（体温、心拍数、血圧、発汗、消費エネルギーなど）を取得することで健康管理などに使用されます。取得したデータはスマホなどに送信する場合も多く、スマホのアプリとの連携も数多く考えられます。

②スマートウォッチはそもそもスマホの代わりを狙っている商品でもあります。

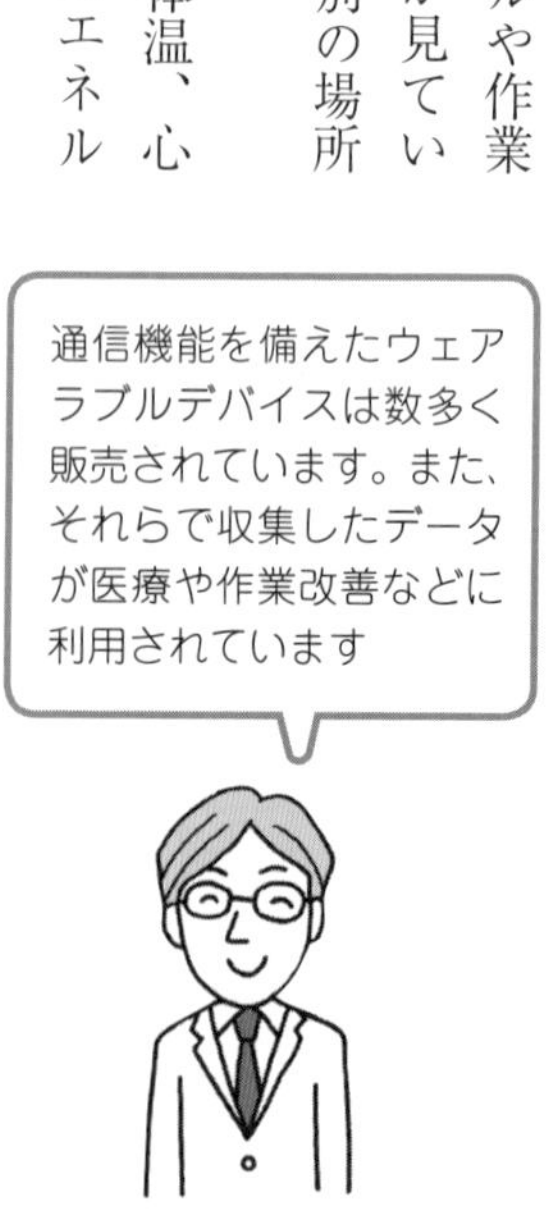
通信機能を備えたウェアラブルデバイスは数多く販売されています。また、それらで収集したデータが医療や作業改善などに利用されています

身につけられるIoT（ウェアラブルデバイス）

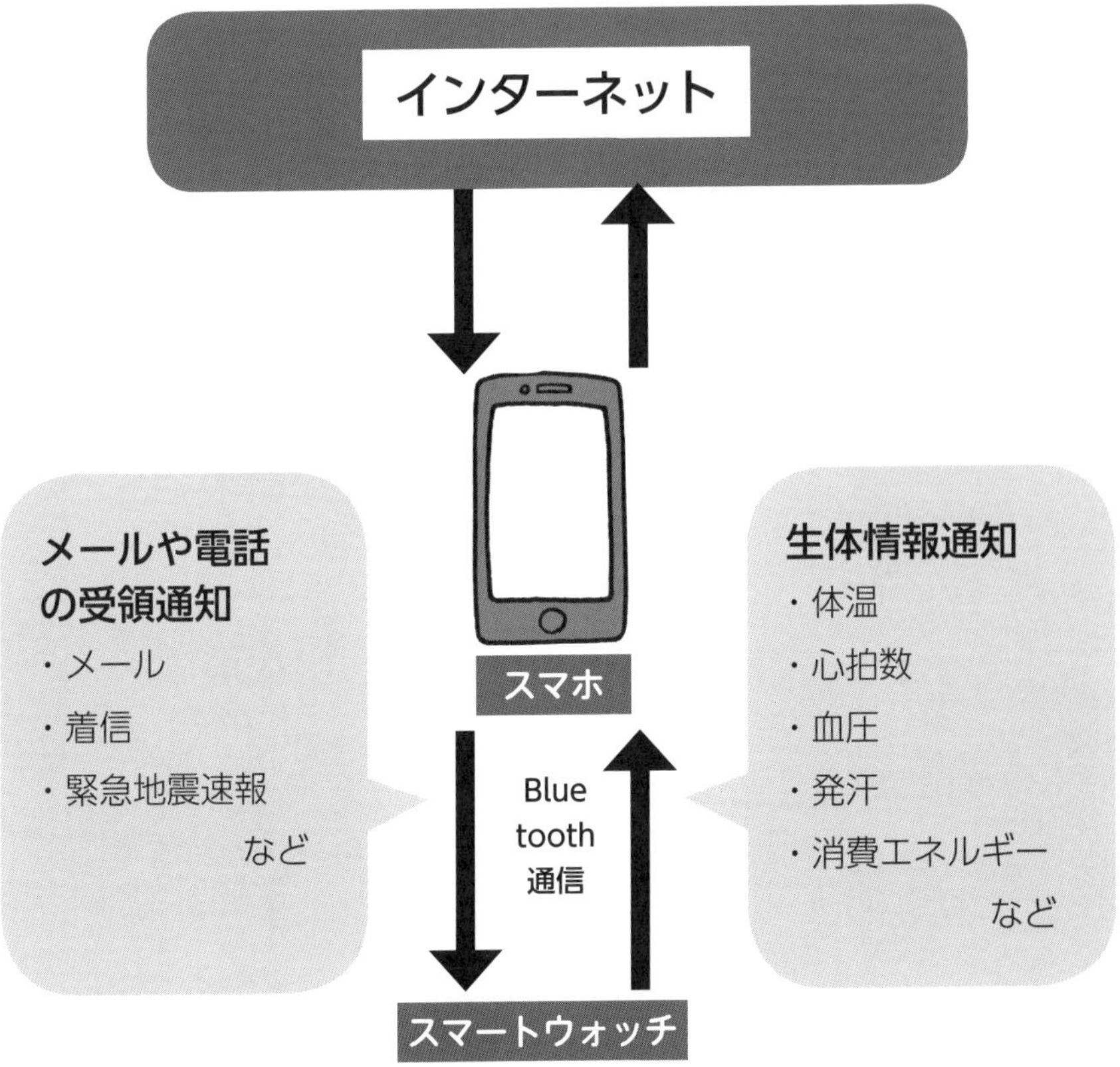

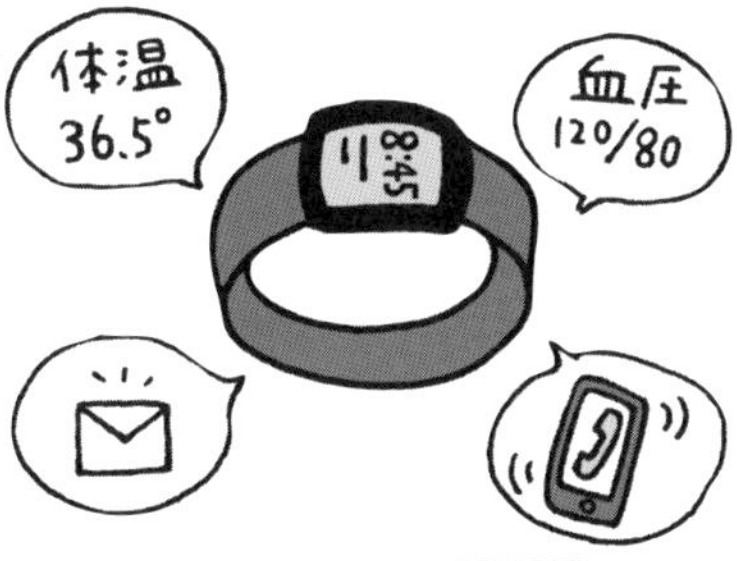

生体情報による健康管理により、高所の工事現場の作業者や乗り物などの運転手の事故が未然に防止できるようになっていくでしょう

■その他のＩｏＴ関連技術

ビーコン、ＩＣタグ／ＲＦＩＤなども ＩｏＴ関連技術として業務の改善が可能

様々なIoT関連技術
ビーコンは単なる発信器ではありますが、スマホと連動することで様々な活用例が考えられます。ビーコンを固定しておくと、スマホなどの端末を持った人の位置確認ができ、またビーコンの近くにきた際に情報を通知することができます
スマホ
ビーコン

これまでに解説した以外にも、多数のＩｏＴ関連技術があります。

・ビーコン

元々は狼煙《のろし》／無線標識などの意味で、無線で信号を発信することに使われます。雪崩《なだれ》時の行方不明者の捜索に使われる「雪崩ビーコン」や人や台車の単なる位置情報の確認にも使われます。また、スマホとの連動で店舗のクーポン取得などにも利用されています。

・ＩＣタグ／ＲＦＩＤ

ＩＣタグは電子タグ／非接触タグともいわれ、電車などに乗ると

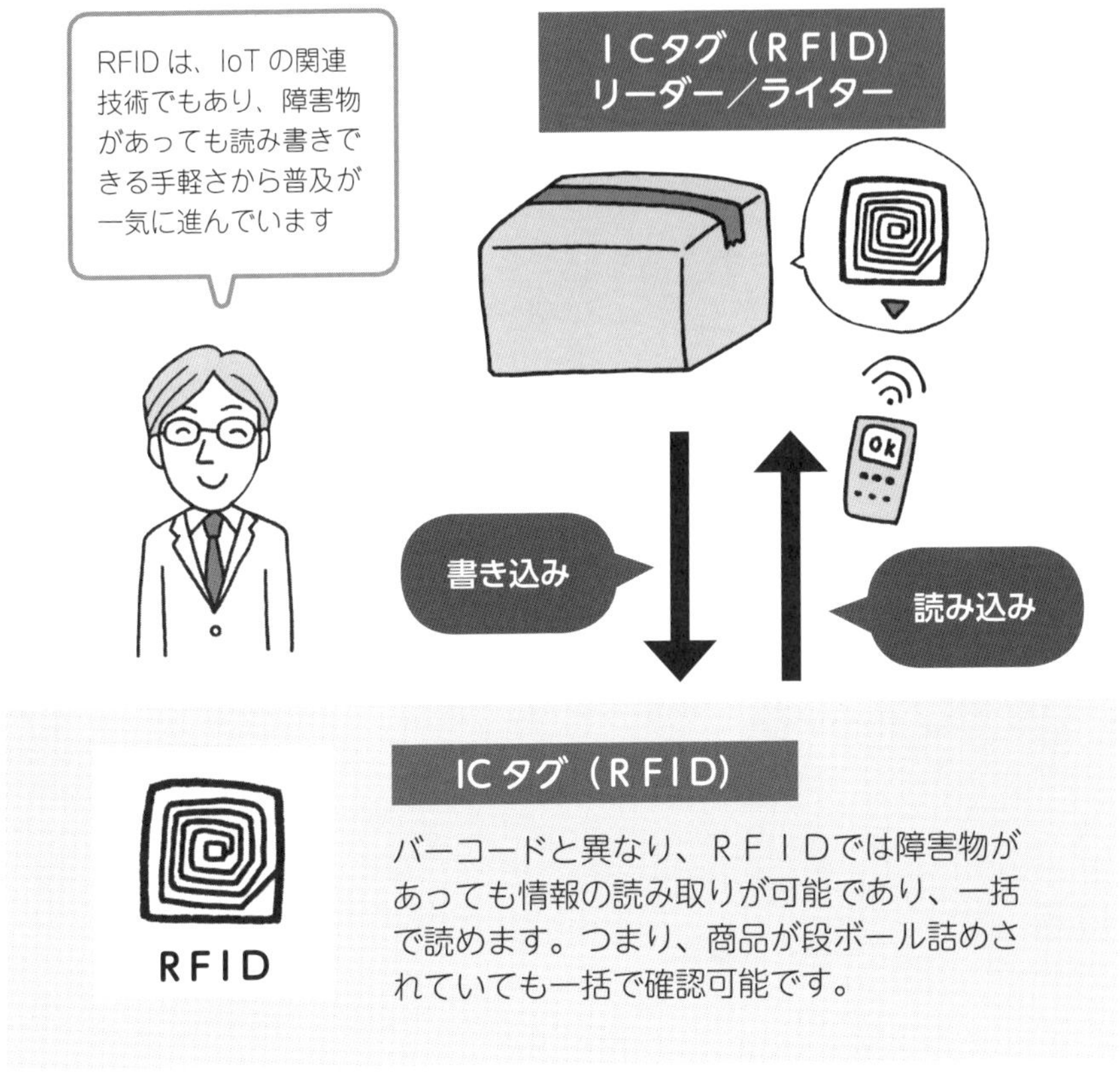
RFIDは、IoTの関連技術でもあり、障害物があっても読み書きできる手軽さから普及が一気に進んでいます
ICタグ（RFID）リーダー／ライター
Ok
書き込み
読み込み
ICタグ（RFID）
RFID
バーコードと異なり、RFIDでは障害物があっても情報の読み取りが可能であり、一括で読めます。つまり、商品が段ボール詰めされていても一括で確認可能です。

きに使う電子マネーがこれにあたります。このICタグ（RFタグ）に読み書きの機器を含めたシステムの総称がRFID（Radio Frequency Identifier）となります。このICタグは、1個10円以下の商品が出るなど低価格化が進み、アパレル系衣服の物流やコンビニなどの無人決済に利用されています。今後、全ての商品にICタグがつき、工場などでも部品や製品の管理にICタグ／RFIDが利用されていくでしょう。

・その他

SONY社が発売しているIoTブロックのMESHなどもいろいろな用途が考えられます。3Dプリンタ／3DスキャンなどもIoT関連技術といってもよいでしょう。

IoTでのセキュリティ技術（暗号、攻撃対策、認証対策、監視／運用）

IoTは今までつながっていなかったモノが（特に外部のインターネットと）つながることにより、情報漏洩《ろうえい》や業務の停止、ランサムウェア（コラム参照）などのリスクが増大することが考えられます。そのためIoTにおいては、セキュリティはアキレス腱《けん》ともいわれています。従ってIoT化と同時にセキュリティ対応が必須となり対策のためには暗号、攻撃対策、認証対策、監視／運用などの技術が必要になります（左頁《ページ》表参照）。それでは、これらのIoTセキュリティ技術と、一般のITセキュリティ技術の違いはなんでしょうか。一言でいうと、その前提条件や環境に大きな違いがあり、そのまま従来のITのセキュリティ技術が適用できない場合が多いのです（P116参照）。従って、IoTを導入する上では、セキュリティ上のリスクを早い段階から検討し、対策を実施する必要があります。問題が発生してからでは、ハードウェア上の制約や契約上の問題などで対応できない可能性があります。

ランサムウェアとは？

ランサム（ransom）とは「身代金」の意味であり、ランサムウェアとは身代金目的の悪意のあるソフトウェア。IoTによりつながることで「業務を停止させる」などの身代金目的の脅迫が増加することになります。また、セキュリティ対策が実施されていないIoT機器（野良IoT）の増加により、それらを踏み台にした攻撃も多数発生しています。

IoTのセキュリティ用語／技術

分類	内容	関連項目
暗号	データ送受信やデータ保護に関して暗号化を行うためのしくみや注意事項	共通鍵暗号化方式 公開鍵暗号化方式 ハイブリッド方式
攻撃対策	外部からのシステムやIoTデバイスへの攻撃の種類および対策	DoS（*1）攻撃 DDoS（*2）攻撃 ランサムウェア Denial-of-Sleep 攻撃など
認証技術	IoTデバイスなどに対する不正アクセスやなりすましを防ぐために行うべき認証技術	2 要素認証 リスクベース認証 ホワイトリスト型認証 生体認証　　など
監視／運用	IoTプラットフォームやデバイスを安全に監視／運用する技術	野良IoT（*3）対応 改ざん検知／侵入検知 パケットフィルタリング

*1）DoS:Denial of Service
*2）DDoS:Distributed Denial Of Service
*3）野良IoT: 管理されていないIoT機器

IoT時代ではセキュリティ技術者の重要度が増してきており、上記の表の項目は一般の人にとっても必要な知識といえます

第２章

おさらいコラム

●ＩｏＴの関連技術は、センサー／デバイス／通信／クラウド／データ分析／ AI（人工知能）／ロボット／ＶＲ／ＡＲなど多岐にわたる

●センサーはＩｏＴの起点になる収集ポイントであり、あらゆるデータが取得でき、課題解決につながる

●安価なＩｏＴボードである「アルディーノ」や「ラズベリーパイ」を使ってセンサーデータ取得や通信なども可能

●低消費電力や遠距離通信などの各種の通信方式があり、目的に合った方法で通信方式を選択する必要がある

●ＩｏＴプラットフォームはクラウドを利用したＩｏＴ化を実現するための、各種のツールが利用できるＩｏＴ基盤である

●ビッグデータを扱うＤＢ（データベース）も従来のＲＤＢ（ＳＱＬ）からＮｏＳＱＬへ変化してきている

●ＩｏＴの本質は、データを分析し有効利用することであり、全ての関係者が最低限のデータ分析技術を習得する必要がある

●ＡＩ（人工知能）は、データをもとに論理（ロジック）を考える。特にディープラーニングは、目を持つことを可能にした技術であり、画像認識などが可能になった

●ＩｏＴには、その他にもブロックチェーン、ドローン、ウェアラブルデバイス、ＩＣタグ（ＲＦＩＤ）など多数の関連技術がある

●セキュリティはつながることで最重要課題となるが、ＩＴと技術的な違いはほぼない

第３章

ＩｏＴの事例

無人コンビニが登場、レジを通らず、お金を払わず会計処理が完了

小売り・飲食業界での IoT 活用例

無人コンビニ Amazon Go

■特徴

・店内の支払い処理が無い
（そのままバッグなどに商品を入れ退店）

・レジが無い

・行列が無い

・カメラ／マイクが動きを
監視・棚にセンサー

■手順

①スマホにアプリを
インストール

②店舗入り口にてスマホで
QR コードスキャン

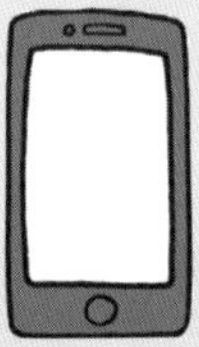

③商品を陳列棚から取り出す（購入認識）
＊商品を戻すと購入取消

④スマホに商品&会計内容表示

⑤自動会計（ゲートを通るだけで会計となる）

小売り・飲食業界でのＩｏＴ事例を紹介します。

・無人コンビニ

ネット通販サイトであるアマゾンが米国シアトルでオープンした無人コンビニ（Ａｍａｚｏｎ Ｇｏ）はレジが無い無人コンビニです。この無人コンビニではスマホにアプリをインストールして自動会計を実施する他、ディープラーニング（Ｐ60参照）で人の動きをトラッキング（追跡）して顧客満足度の向上などにつなげています。また、日本のコンビニにおい

●無人店舗のしくみ

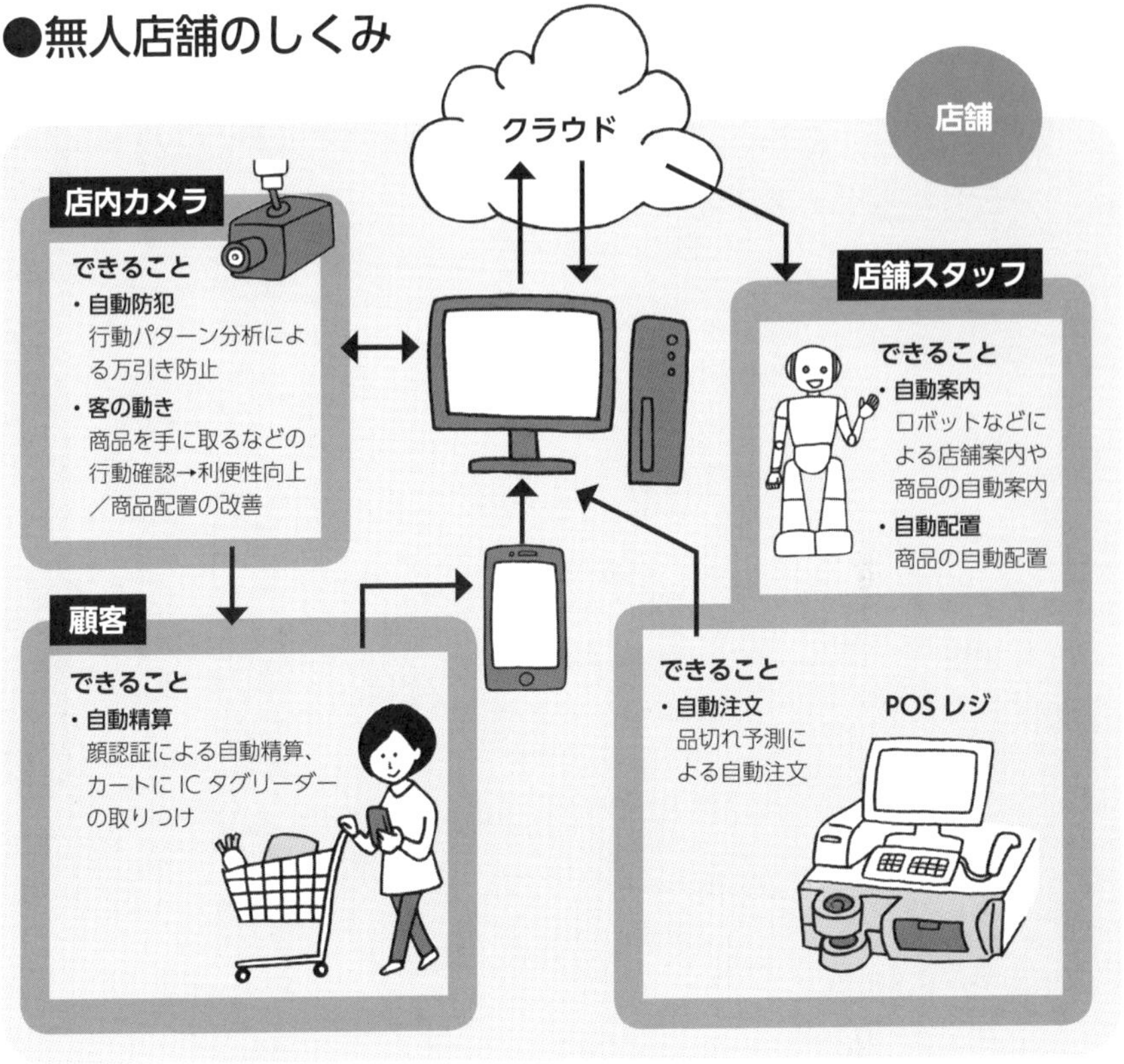

ても人手不足対策のためＩＣタグ（Ｐ72参照）を商品につけるなどの方法で自動精算も進んでいます。

・自動認識ディーラー

自動車の販売や点検を実施するディーラーにおいても入り口で車のナンバーを自動チェックし、既存顧客かどうか、予約の有無などを自動認識し店舗の担当者のスマートウォッチ（Ｐ70参照）に通知するなどを実施しています。

・ＩｏＴ自動販売機

商品が欠品しそうな場合に通知し補充を迅速に実施します。

・回転寿司チェーン

生鮮食品を扱うので在庫・欠品などが致命傷になります。ですので長年にわたりＩｏＴによる改善が進んできました。

■スマートホームってなに?

IoTでつながることで働き方改革や在宅勤務が加速する

IoTで在宅勤務が浸透する

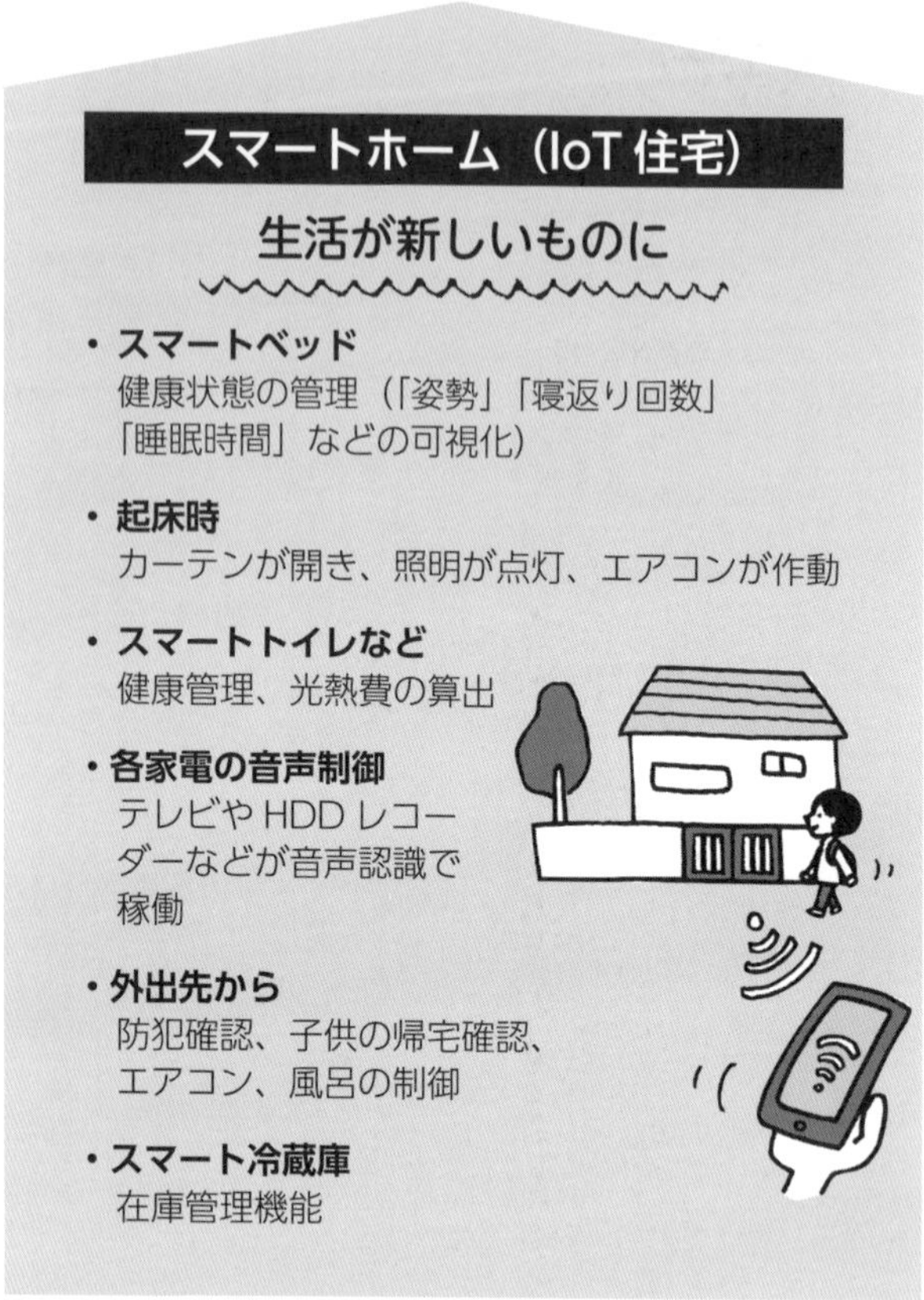

スマートホーム（IoT住宅）
生活が新しいものに
・スマートベッド
健康状態の管理（「姿勢」「寝返り回数」「睡眠時間」などの可視化）
・起床時
カーテンが開き、照明が点灯、エアコンが作動
・スマートトイレなど
健康管理、光熱費の算出
・各家電の音声制御
テレビやHDDレコーダーなどが音声認識で稼働
・外出先から
防犯確認、子供の帰宅確認、エアコン、風呂の制御
・スマート冷蔵庫
在庫管理機能

ＩｏＴ化は住宅や働き方改革でも進んでいます。住宅には、「スマートハウス」と「スマートホーム」があり、「スマートハウス」はエネルギー管理に重点を置くのに対し、「スマートホーム」は生活を便利にする機能を持った住宅です（上図参照）。

・スマートハウス

ＩｏＴによりエネルギーの効率管理を実施します。通信方式はキャリア通信の場合と専用通信の場合があります。

・スマートホーム（ＩｏＴ住宅）

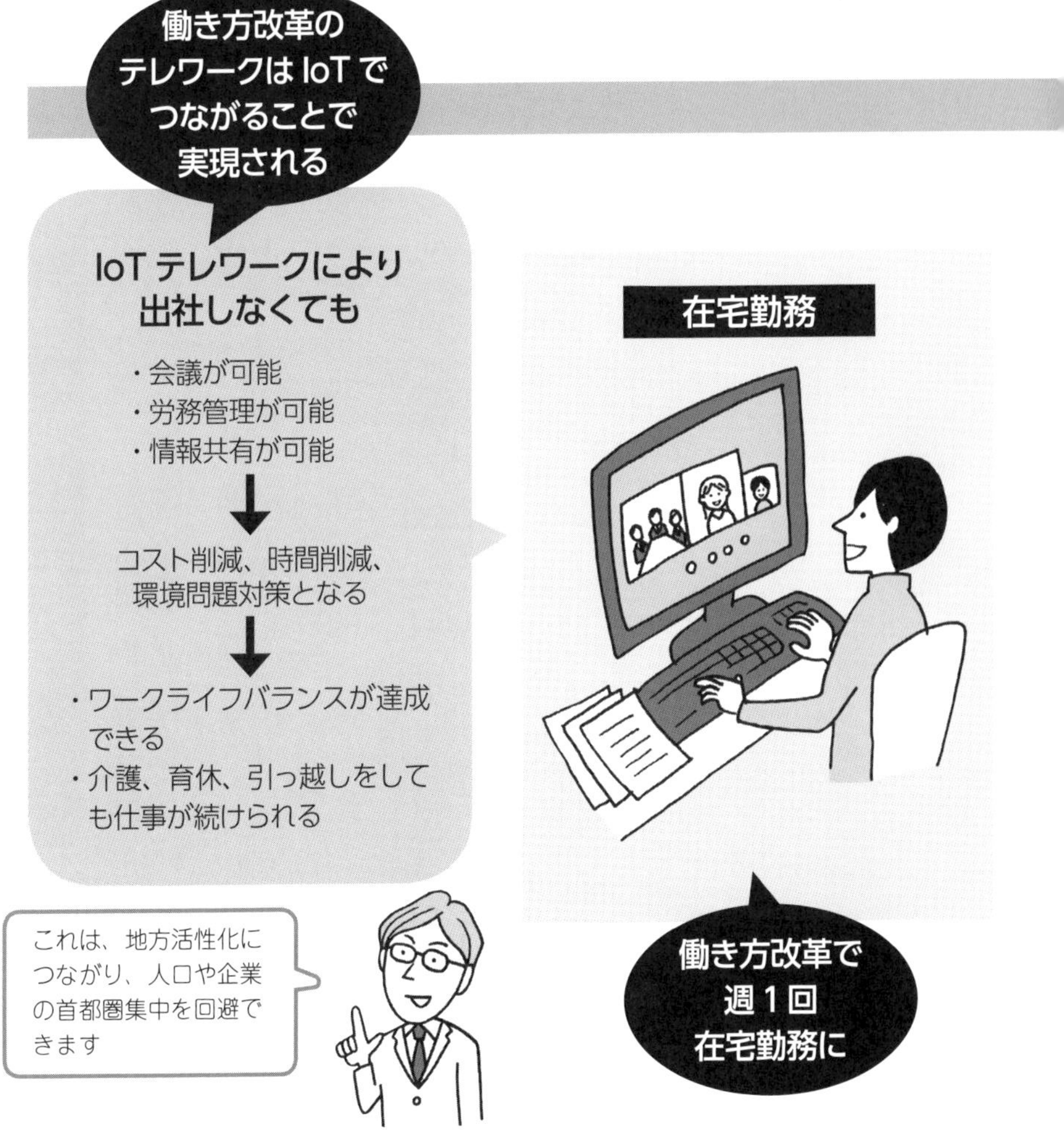
働き方改革の
テレワークはIoTで
つながることで
実現される
IoTテレワークにより
出社しなくても
・会議が可能
・労務管理が可能
・情報共有が可能
コスト削減、時間削減、
環境問題対策となる
・ワークライフバランスが達成できる
・介護、育休、引っ越しをしても仕事が続けられる
在宅勤務
働き方改革で
週1回
在宅勤務に
これは、地方活性化につながり、人口や企業の首都圏集中を回避できます

家庭内のあらゆるもの（家電、ベッド、照明、風呂）が外からの監視、制御が可能になります。それにより人の生活習慣や健康状態を管理し、最適なライフパターンを演出してくれます。

・働き方改革（在宅勤務）

在宅勤務などの働き方改革もIoTにより加速されるでしょう。会社と家がつながることで、出社しなくても、AR（P64参照）などを使用し、あたかも同じ場所にいるような会議も実施でき、労働管理も可能になります。

また、出張先でも問題なく仕事ができるでしょう。在宅勤務で問題になるトラブル対応もロボットを遠隔から制御することで対応可能になっていきます。

■サービス業界でのＩｏＴ活用事例

ＩｏＴにより様々なサービスが便利に。シェアリングエコノミーが加速

サービス業でのＩｏＴ事例を紹介します。

・駐車場（コインパーキング）

駐車場がＩｏＴでつながり、車で走り回らなくても近くの空いている駐車場を探すことができ、また遠隔での予約もできます。

・コインランドリー・ロッカー

コインランドリー・ロッカーがＩｏＴでつながると、空き状況をチェックできます。

・バスの運行状況

バスの遅延はよくあることですが、バスの現在地が把握できるよ

サービスが IoT でつながる
駐車場がつながり、「空き」が確認できる
0
140
P空
P空
トイレがつながり、「空き」が確認できる
コインランドリーがつながり、「空き」が確認できる

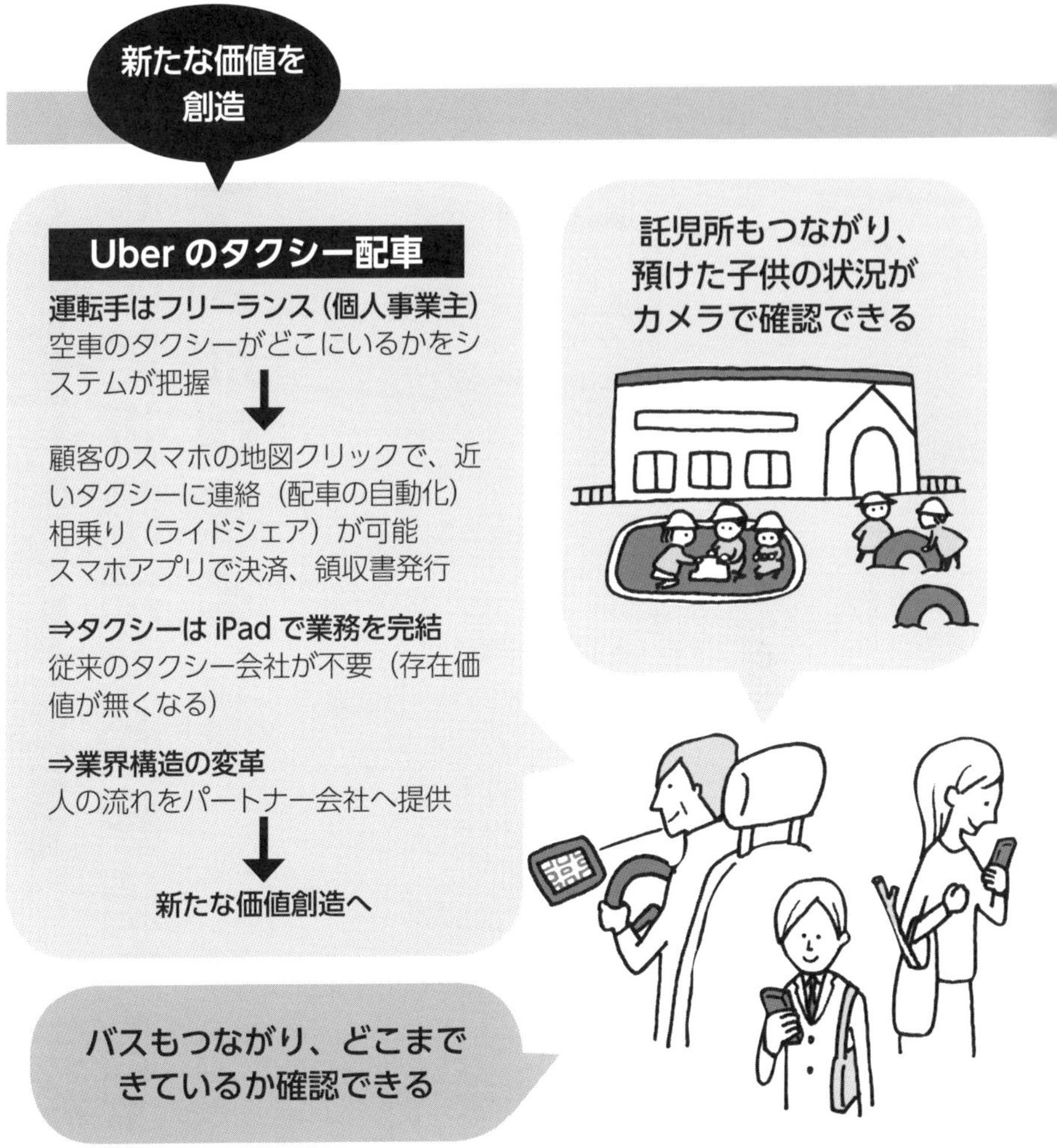
新たな価値を創造
Uber のタクシー配車
運転手はフリーランス（個人事業主）
空車のタクシーがどこにいるかをシステムが把握
顧客のスマホの地図クリックで、近いタクシーに連絡（配車の自動化）
相乗り（ライドシェア）が可能
スマホアプリで決済、領収書発行
⇒タクシーは iPad で業務を完結
従来のタクシー会社が不要（存在価値が無くなる）
⇒業界構造の変革
人の流れをパートナー会社へ提供
新たな価値創造へ
託児所もつながり、預けた子供の状況がカメラで確認できる
バスもつながり、どこまできているか確認できる

うになります。

・会議室

簡単なセンサーをつければ、社内の会議室の利用状況などを遠隔からでも把握できます。

・託児所

預けた子供の状況を外部から確認できます。

・Uber

Uberは、米国企業のウーバー・テクノロジーズが運営するウェブサイトおよび配車システムです。Uber社のすごいところは、タクシーの運転手は雇用せず、フリーランス（個人事業主）を使い、車（タクシー）も個人事業主所有のものを使っています。従って、タクシーの購入が不要となり、駐車場も不要、車の保守、会社の建屋も不要です。

■病院もＩｏＴで変わる

ＩｏＴで遠隔治療や家庭などとの連携が加速する

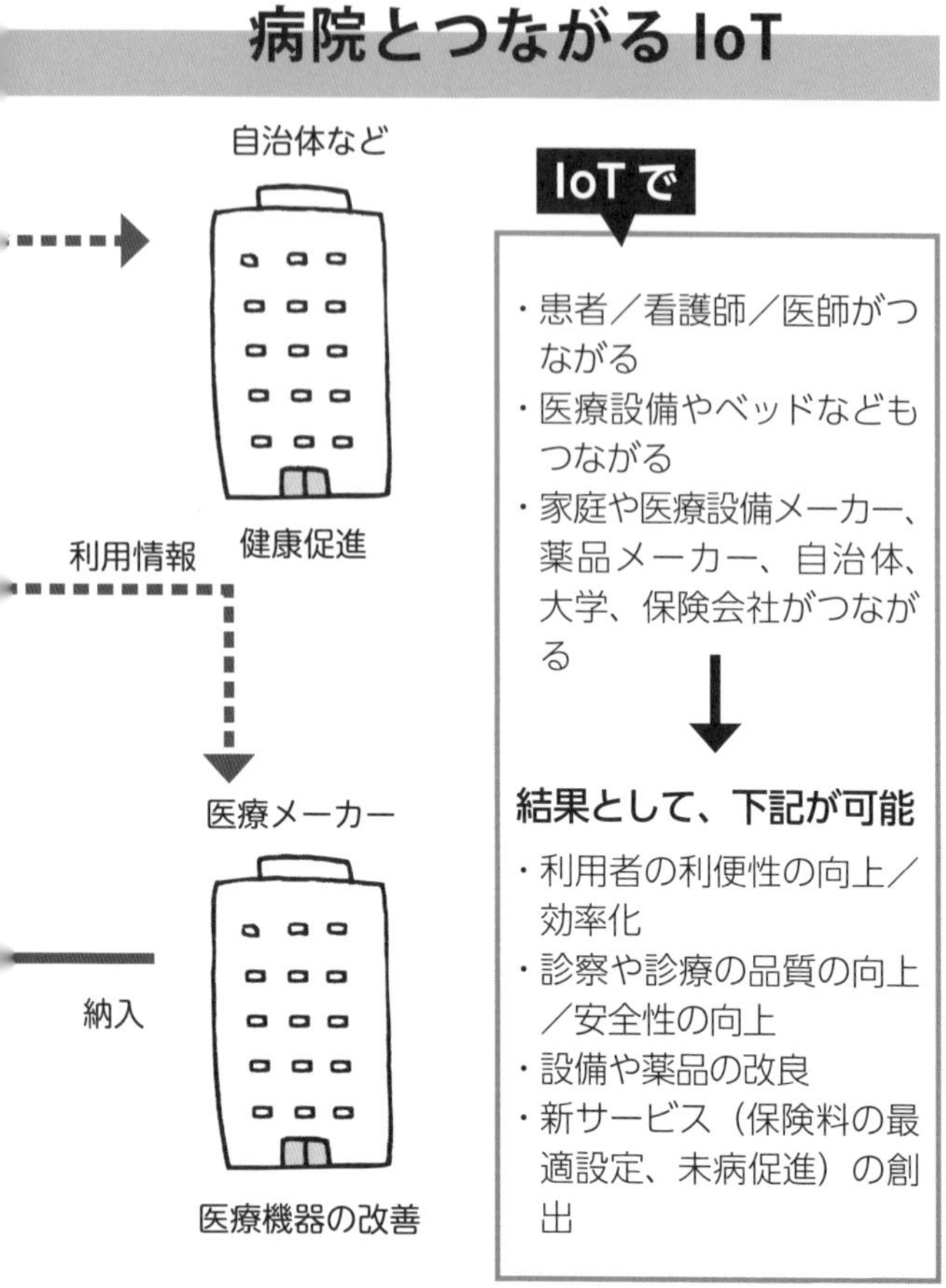
病院とつながる IoT
自治体など
健康促進
利用情報
医療メーカー
納入
医療機器の改善
IoT で
・患者／看護師／医師がつながる
・医療設備やベッドなどもつながる
・家庭や医療設備メーカー、薬品メーカー、自治体、大学、保険会社がつながる
結果として、下記が可能
・利用者の利便性の向上／効率化
・診察や診療の品質の向上／安全性の向上
・設備や薬品の改良
・新サービス（保険料の最適設定、未病促進）の創出

病院や介護・福祉の人手不足や過重労働もＩｏＴとつながることで解消できます。

・患者の状態の巡回確認

ベッドや衣服などのウェアラブルデバイス（Ｐ70参照）で、血圧などの生体情報の管理ができ、カメラで監視をすることで、巡回チェックの周期も大きくできます。さらに容態の急変などにも対応できるため、改善効果は大きくなります。

・ＩｏＴ病院（スマート病院）

右記の巡回確認だけでなく、あ

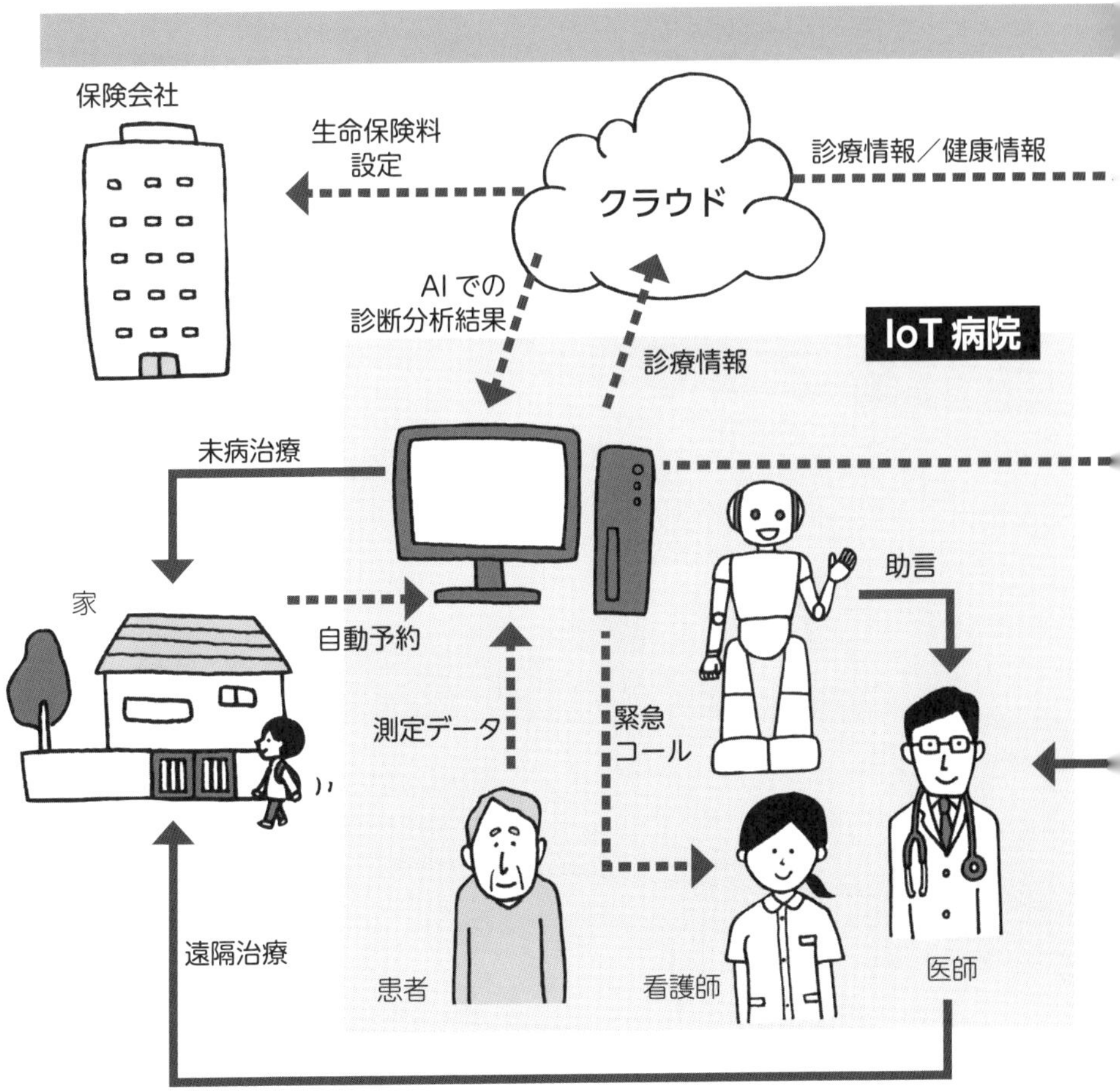

らゆる面で病院もスマート化が進みます。米国の例ではＡＩがエックス線写真を見て難病の可能性があることを検知し、患者の命を救った例が多数あります。

その他ＡＲ（Ｐ64参照）での作業補助、生体情報などの分析による未病治療、病院と医療機器メーカーや薬品メーカーとの連携、生命保険会社との連携による生命保険料の個別設定なども進んでいくでしょう。このように病院のビジネスモデルも変わっていきます。

・遠隔治療

法律などの変更も必要ですが、ＩｏＴによる遠隔治療は進んでいくでしょう。特にロボットの進化が進めば、どこにいても手術が受けられる日がくることでしょう。

農業や酪農などの第1次産業もIoTで家畜や作物管理が可能になる

酪農・農業でのIoT

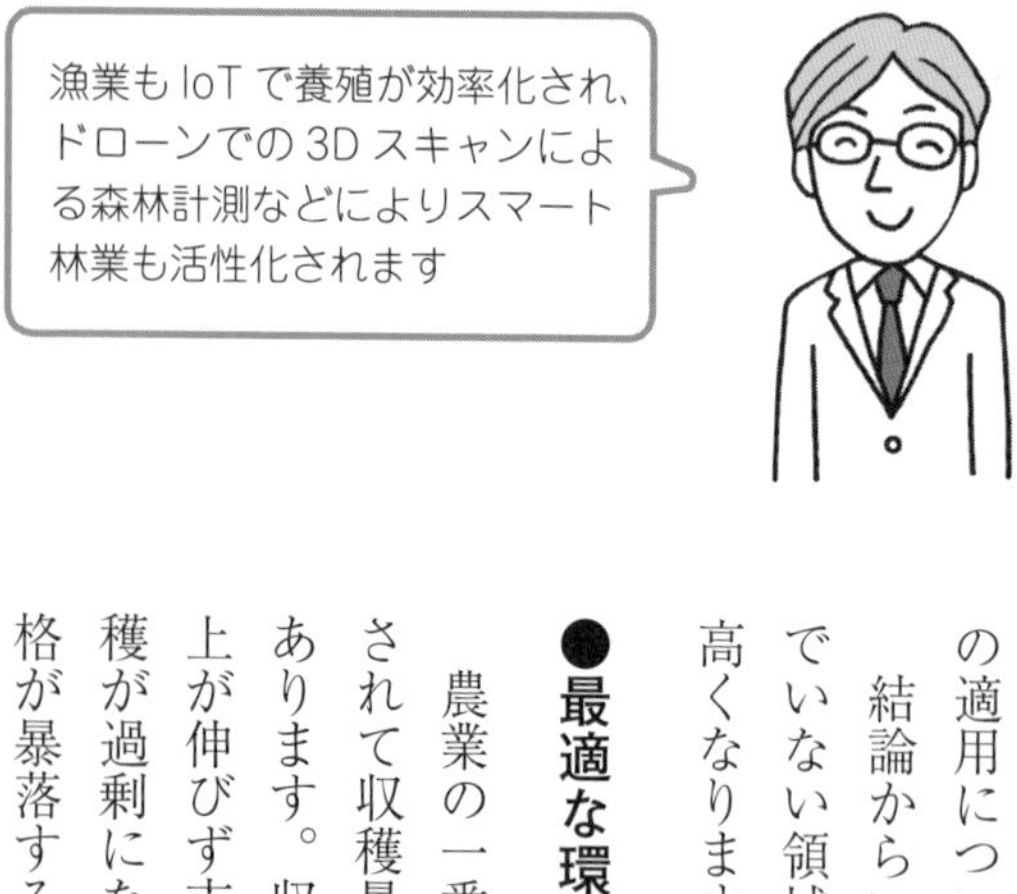
漁業もIoTで養殖が効率化され、ドローンでの3Dスキャンによる森林計測などによりスマート林業も活性化されます

農業など第1次産業へのIoTの適用について解説します。結論からいうと、IT化が進んでいない領域ほどIoTの効果は高くなります。

●最適な環境把握→植物工場へ

農業の一番の問題は天候に左右されて収穫量が一定しないことにあります。収穫量が不足すれば売上が伸びず市場価格が高騰し、収穫が過剰になった場合は、市場価格が暴落するため、運搬しても赤字になるだけになり、廃棄につな

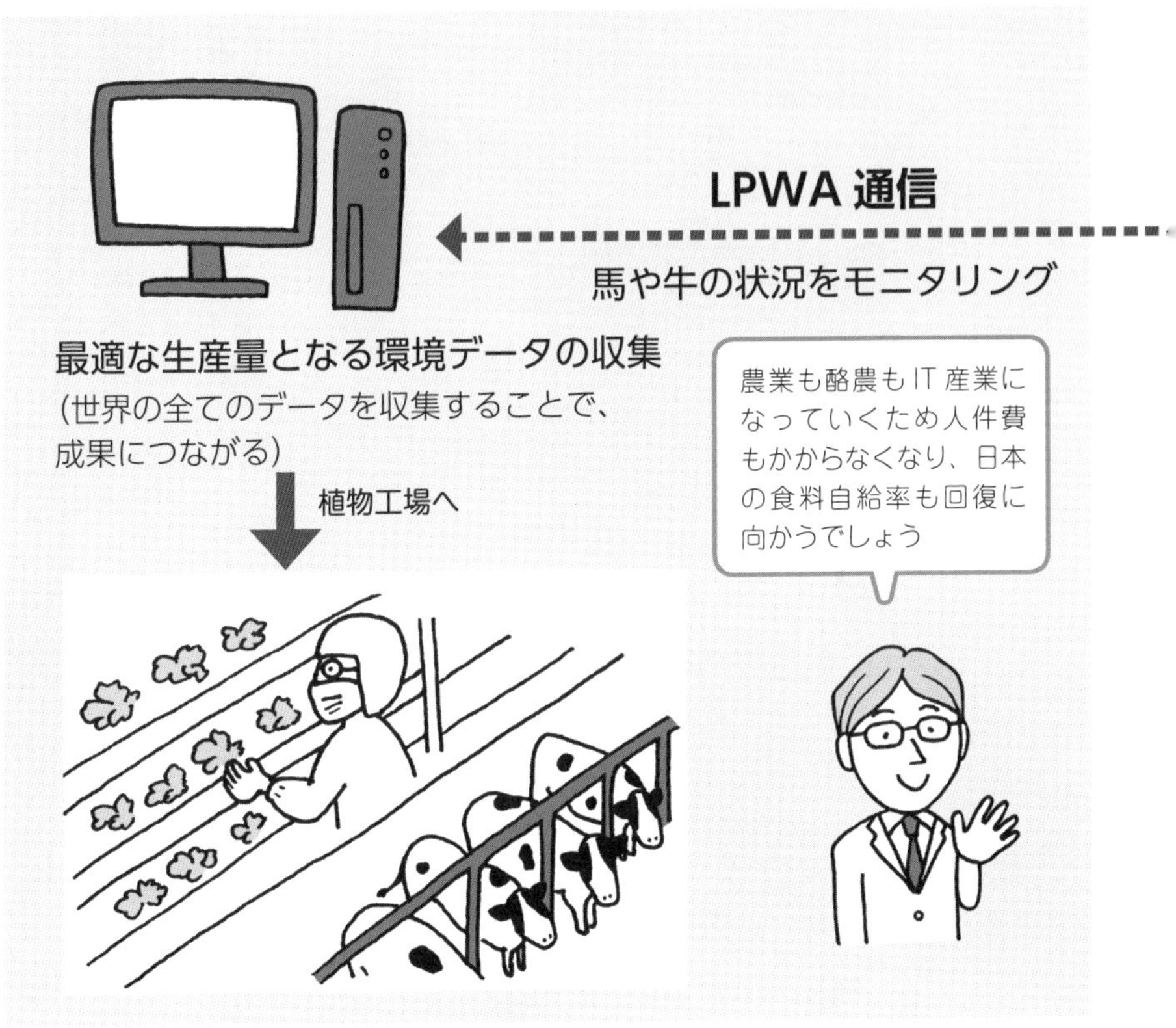
LPWA 通信
馬や牛の状況をモニタリング
最適な生産量となる環境データの収集
(世界の全てのデータを収集することで、
成果につながる)
植物工場へ
農業も酪農もIT 産業になっていくため人件費もかからなくなり、日本の食料自給率も回復に向かうでしょう

がる場合もあります。この問題の対策として、屋内での植物工場が発展していくでしょう。また、温度、湿度、日射量、肥料濃度、CO_2などの情報を取得することで、生産量の予想や農作物の生産に対する最適な条件が把握できます（Ｐ38参照）。最適な環境で生産量および品質が安定することで収入が安定し、市場価格も一定します。

●酪農での馬や牛の管理

広い敷地での家畜の管理でもＩｏＴが利用されます。ＧＰＳなどを家畜につけ、ＬＰＷＡ（Low Power Wide Area）通信（長距離で消費電力が少ない、Ｐ42参照）により、家畜がどこでなにをしているかが管理できるようになりました。

■ 製造業ではIoTの改善事例が多数

設備の故障予知など、いち早くIoTで改善が進んだ製造業

製造業でのIoT

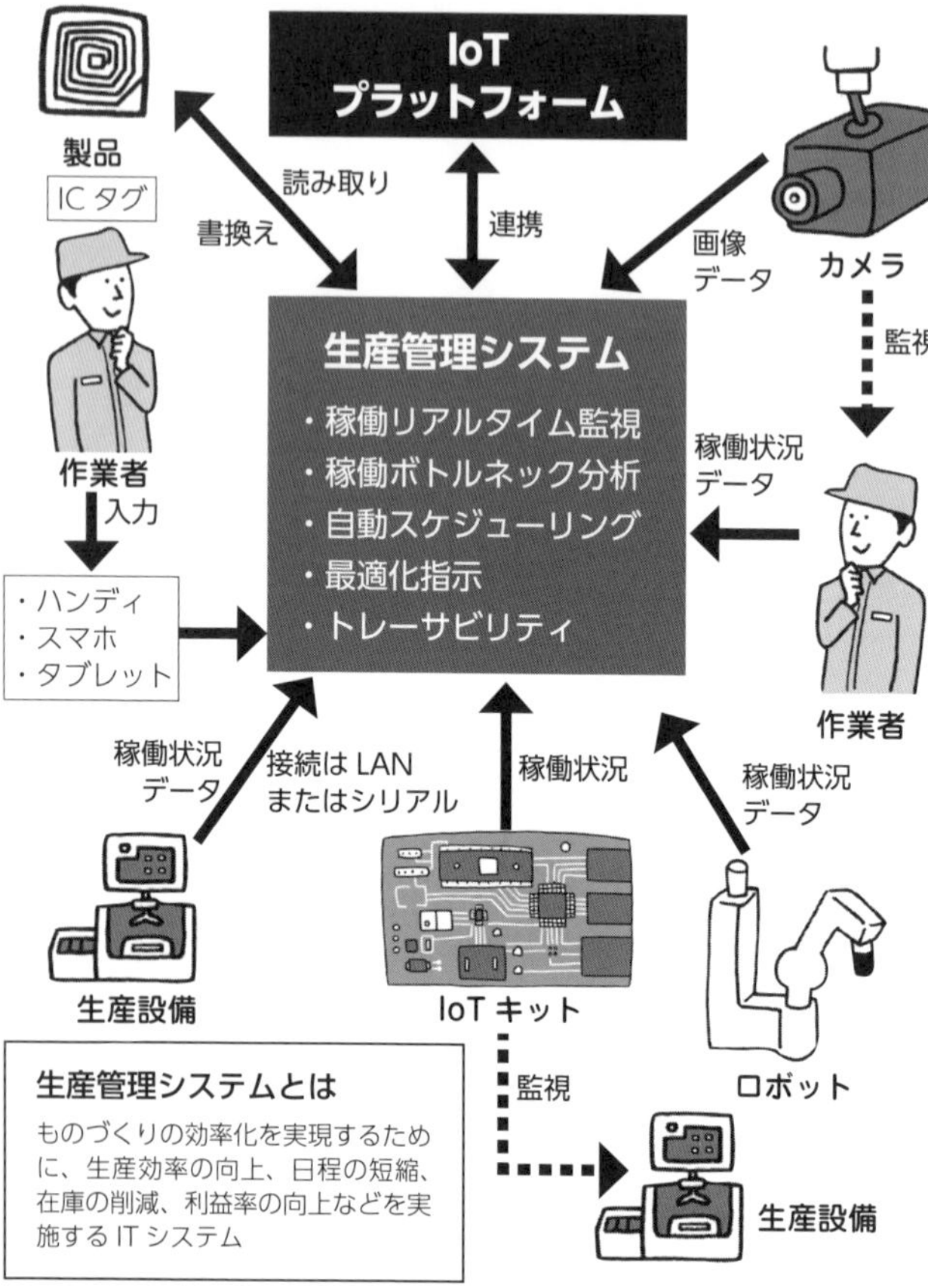

製造業のものづくり現場へのIoT適用は、「生産性向上」「コスト削減」「品質向上の改善」に寄与しています。上図のように生産管理システムとの連動も進んできています。

・設備の稼働状況把握や故障予知

工場内の設備の故障予知は、P38にも記載した電流／振動／音／熱（温度）／匂いなどのデータをセンサーで取得し実現しています。稼働状況の把握では合わせてカメラなどを利用します。

・作業者の状況把握

	モニタリング (Monitoring)	制御 (Control)	最適化 (Optimization)	自律 (Autonomy)
人 (Man)	・監視カメラで人の作業の監視 ・GPS/ビーコンで位置(人の動き)を監視	・監視結果をもとに問題動作時に改善の作業指示	・AIを活用した最適作業(作業効率改善)	・自動IE ・作業のロボット化に伴う自律化
機械 (Machine)	・設備の状況監視(センサーも活用)	・故障の予知 ・遠隔点検制御	・最適省エネ制御 ・設備の故障防止制御	・生産計画に連動した設備自動稼働
材料 (Material)	・材料/部品の在庫監視 ・サプライヤーの状況監視	・在庫切れ早期発見 ・生産計画からの発注制御	・生産計画からの在庫量の最適化(欠品防止と在庫コスト最適化)	・自動発注
方法 (Method)	・工場全体の稼働状況/手順監視 ・原価の見える化	・納期遅延の事前検出 ・問題発生時の計画変更制御	・コストの最適化生産 ・リードタイムの最適化生産	・自動生産計画と自律的実行 ・見積もり処理自動化 ・自動SLP※による最適レイアウト

作業者の状況把握もカメラなどで外部からチェックすること、センサーなどを装着して動きを把握すること、ウェアラブルデバイス(P70参照)による生体情報管理で実現しています。

・検査のAI化

外観チェックなどでは、目を持ったディープラーニング(P60参照)の画像認識を使用しての自動化が進んでいます。

・工場のIoT化

工場のIoT化はいろいろな方法が考えられ、逆に混乱することが多くなります。上表は、IoTの4ステップ(P20参照)と工場改善で使用される4Mの視点「人、機械、材料、方法」でマトリクス化し、改善項目をまとめたものです。

※SLP:SLP(Systematic Layout Planning)は、レイアウトの進め方を体系化した手法

つながる工場や各工程が連携することで課題の解決ができる

前頁《ページ》では、ものづくり現場のIoTによる改善の解説をしました。

ここでは、もう少し規模が大きい工場や会社のあるべき姿を考えたスマート工場の話をします。

・複数企業連携（つながる工場）※

複数の中小企業が連携し、部材メーカーや顧客である大手メーカーとの窓口を一本化し、付加価値の向上やコスト削減を可能にした事例もあります（上図）。

・スマート工場のデータの流れ

また、スマート工場では、データの流れに着目する必要がありま

IoTでつながるスマート工場

●複数企業連携

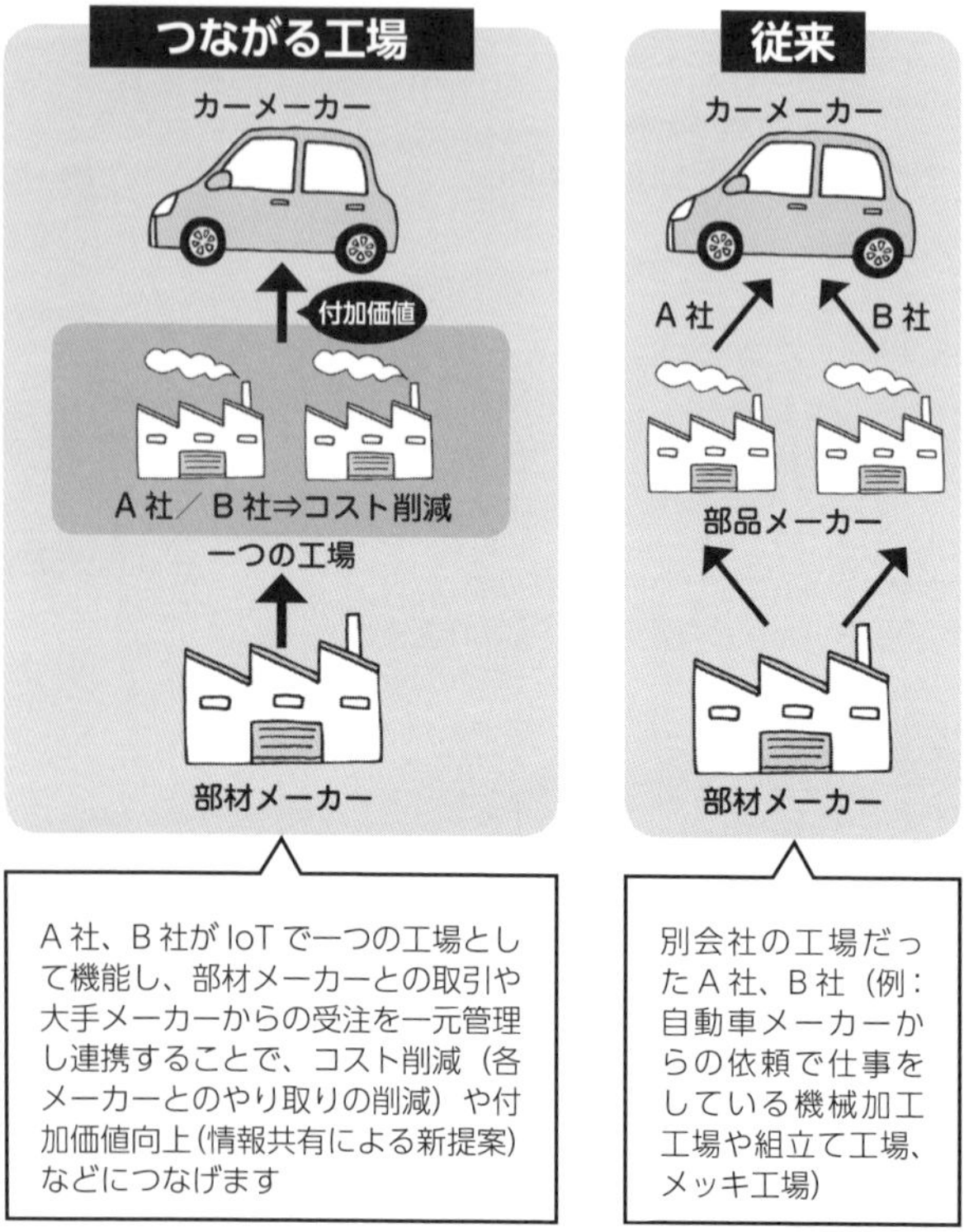
つながる工場
カーメーカー
付加価値
A社／B社⇒コスト削減
一つの工場
部材メーカー
A社、B社がIoTで一つの工場として機能し、部材メーカーとの取引や大手メーカーからの受注を一元管理し連携することで、コスト削減（各メーカーとのやり取りの削減）や付加価値向上（情報共有による新提案）などにつなげます
従来
カーメーカー
A社
B社
部品メーカー
部材メーカー
別会社の工場だったA社、B社（例：自動車メーカーからの依頼で仕事をしている機械加工工場や組立て工場、メッキ工場）

※つながる工場：従来では別々の工場として独立して機能していた工場がIoTで連携し、あたかも一つの工場として動作することを意味します

●スマート工場のデータの流れ

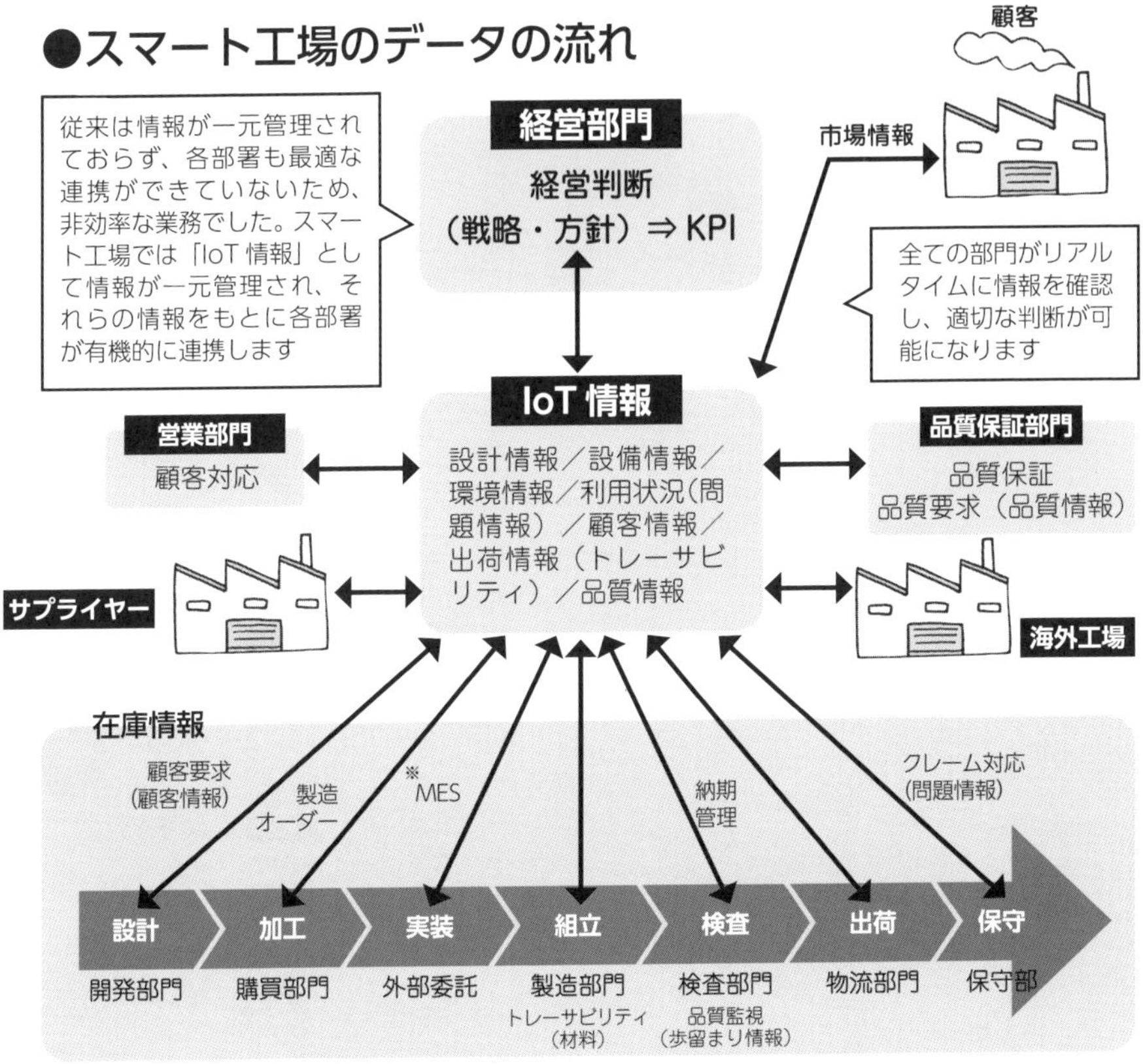

す。各工程や各部門、サプライヤー（部材メーカー）や顧客企業、海外工場と連携するためには、ＩｏＴ情報を一元管理し、全ての関係者がＩｏＴ情報を確認し、リアルタイムに状況を把握した上で意思決定をする必要があります。この第４次産業革命といわれる時代に、従来のような月に１回の経営会議や製販会議のために報告資料をわざわざ作成し、報告を行っていたのでは遅いのです。

・ＲＦＩＤの活用

スマート工場では、ＲＦＩＤ（Ｐ72参照）を利用する例が多数あります。次頁のマスカスタマイゼーションでの利用も含めてＲＦＩＤは現場／現場管理に向いています。

※ MES：Manufacturing Execution System の略で、製造実行システムのこと

CPSを発展させた考え方のデジタルツインでは問題をデジタル空間で把握

P18で説明したCPS（Cyber Physical System）は物理世界で取得したデータを解析し物理（現実）世界にフィードバックするというサイクルを回す考え方でした。

一方、デジタルツインは、その名の通りツイン（双子）のイメージです。つまり、物理空間とデジタル空間が全く同一の状況で進んでいき、物理空間の状況がデジタル空間でも常に再現されます。このデジタルツインはAI・VR・ARなどの他の技術と結びついて活用されます。

●デジタルツインの効果

デジタルツインでは左頁《ページ》図のようにIoTに関連する多数の技術を利用し、マスカスタマイゼーション（コラム参照）を実現します。また、デジタル空間での人が介在した改善効果も期待でき、改善のポイントが物理空間からデジタル空間へ移行します。このデジタルツインは工場以外の物流・建設・土木・店舗・病院などのあらゆる業界にも適用できます。

マスカスタマイゼーション

マスカスタマイゼーションは従来の大量生産と同じスピード／同じコストで多品種少量生産や特注品（カスタム品）に対応することです。ハーレーダビッドソンやアディダスでは、注文時点からデータをデジタル化（顧客のネット注文／顧客の足をデジタル測定）することで、マスカスタマイゼーションを実現しています。

デジタルツイン

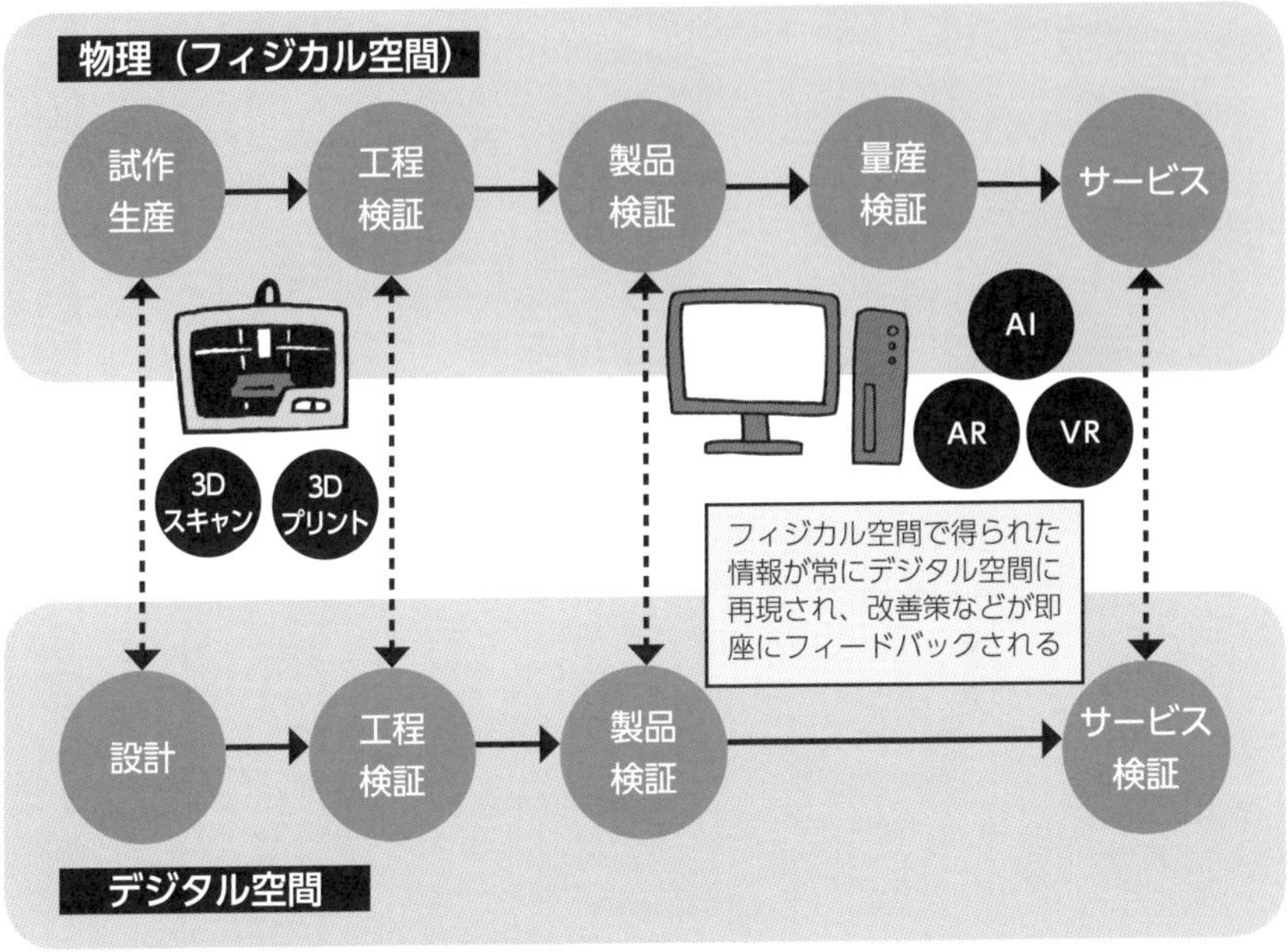

デジタルツインとは？

デジタルツインでは、物理（フィジカル）空間で作業時間、設備の稼働状況、品質状況、物流の状況などの情報が取得されます。それらの情報をもとに、デジタル空間でAI（人工知能）を活用したシミュレーションなどを実施することで、問題把握や改善の確認が実施できます。

例えば、自動車メーカーなどでは、デジタル空間で設計（CAD）データから生産工程の検証や組立て時の製品検証が実施され、ユーザーに納入した後のサービスの検証も実施されます。また、物理空間では設計（CAD）データから即試作生産が実施され、デジタル空間であらかじめ改善を実施した結果をもとに、工程検証／製品検証／量産検証が進みます。物理空間で発生した問題、またサービス（顧客の利用）時の問題やクレームなども即デジタル空間にフィードバックされ、安全性の高い自動車の生産やユーザーの使い勝手の向上が常に実施されます。

ｉコンストラクションは国土交通省が推進している工事の見える化・自動化

土木・建設業界も人手不足が深刻であり、ＩｏＴによる自動化などが進んできています。

・ｉコンストラクション

ｉコンストラクションは国土交通省が推進するＩＣＴの全面的な活用（ＩＣＴ土工）などの施策により、建設生産システム全体の生産性向上を図る取組みです。ＩＣＴ「Information and Communication Technology（情報通信技術）」となっていますが、考え方はＩｏＴそのものです。

・具体的な事例

土木・建設業界の IoT

ｉコンストラクション

国土交通省が推進するＩＣＴの全面的な活用（ＩＣＴ土工）などの施策により、建設生産システム全体の生産性向上を図る取組み

・製造業以上にマスカスタマイゼーション（P92 参照）の考え方が重要

・また、環境条件も過酷な土木／建設業界ではＩｏＴによる改善が効果的

ドローンを使用した３Ｄ測量で、不足土量の正確な把握が可能

小松製作所のIoT

①盗まれた建設機械によるATM破壊事件対策にGPSを活用したのがはじまり
↓
盗難保険の掛け金削減
↓
遠隔地から車両の稼働状況や位置を把握
↓
省エネ運転支援、部品交換時期の案内
↓
データをもとにした議論

②無人ダンプトラック運行システムも実用化（鉱山内）
↓
安全性の確保

③自社と協力会社の計、約5000工程での生産改善
↓
タブレットの活用
↓
情報の一元管理により、設備の稼働率向上や故障予測

小松製作所のIoTノウハウは20年以上にわたる地道な努力によって培われてきています。そのノウハウが最終的に企業の差別化につながっています

土木／建設系での有名なIoT事例は、小松製作所のKOMTRAXがあります。小松製作所は、1998年頃多発した、盗んだ油圧ショベル等によるATM破壊、現金強奪事件を受け、GPSを機械に取りつけました。それを契機に標準装備のセンサーのデータ取得による「見える化」などで、数多くの改善を実施してきました。一部P68で記載しましたが、最近では、ドローンを使った3D測量により精度を高めたことで不足土量の正確な把握ができた他、熟練の運転手でなくても工事ができるような自動化を進めたことで人手不足の対策を実施しています。特に海外では安全性が求められる鉱山などで、工事を完全自動化するなどを実現しています。

■物流・倉庫でもIoTによる改善

物流や倉庫業務がIoTによって変革される

物流や倉庫もIoTによって変わってきています。

・アマゾンの事例

ネットショップとしてのアマゾンの商品の保管／移動はアマゾンの生命線ともいえます。ロボットが倉庫内を縦横無尽に動き回って商品を運んでいます。

・RFIDの利用

RFID（P72参照）を利用することで、納品や検品、棚卸が容易になりました。RFIDは、商品が段ボール詰めされていても一括で情報の読み取り（確認）が可

アマゾンの実例

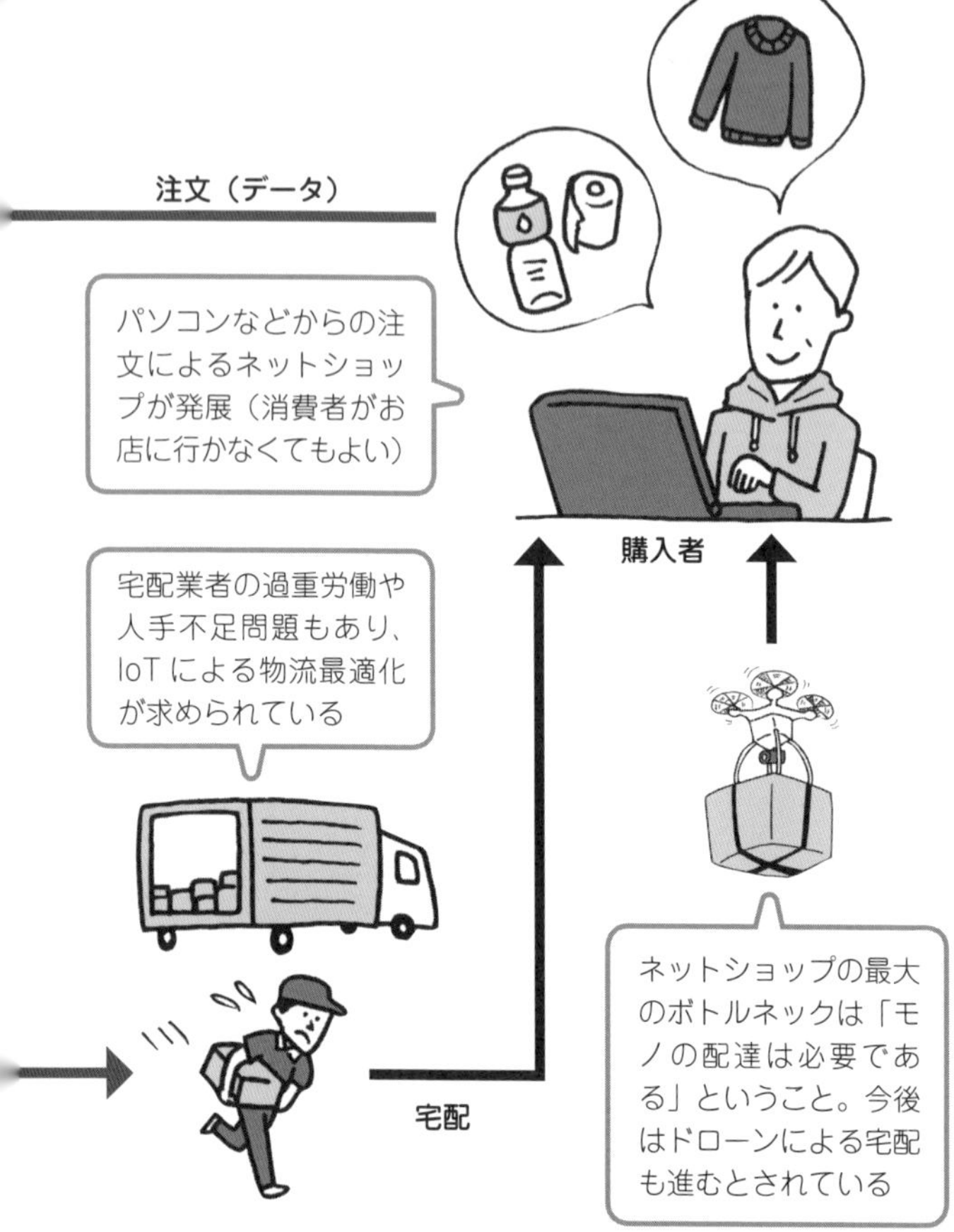

注文（データ）
パソコンなどからの注文によるネットショップが発展（消費者がお店に行かなくてもよい）
購入者
宅配業者の過重労働や人手不足問題もあり、IoTによる物流最適化が求められている
宅配
ネットショップの最大のボトルネックは「モノの配達は必要である」ということ。今後はドローンによる宅配も進むとされている

Amazon Robotics

アマゾンの物流倉庫の在庫管理システム

従来

注文により、人が倉庫に商品を取りに行く

導入後

- 商品を収納する棚が全て「可動式のロボット」として稼働
- 商品の棚入れと棚出しを自動化
- ロボットは商品棚を持ち上げて動かす
- 従業員は、ディスプレイ上のガイドにより棚に商品を収納
- 注文時、商品棚をシステムが自動で判別
- 効率的なルートを計算し自動的に移動

アマゾンはIT企業であると同時に、現場での改善ノウハウも進んでおり、ITと現場力を合わせた強みが現在の企業価値に結びついています

能です。

・倉庫内の格納位置

倉庫内のどこに製品を置くのかについては、様々な手法があります。ＩｏＴでは、製品をどこに置いても位置が管理でき、管理上の制約を気にせず保管ができます。

・協働ロボットの利用

物流や倉庫業務では、重い荷物の移動などが発生しますが、最近は協働ロボットを使用し、力のない女性などでも簡単に作業ができるようになっています。

・配達の効率化

ドローンによる自動宅配（Ｐ68参照）や配送車移動の高効率化は、ＩｏＴで改善されてきています。最終的には、同じ目的地に行く配送車をうまく組み合わせ、運搬削減の方向に進むでしょう。

■家電製品もＩｏＴ化される

スマート家電により生活が変わり社会が変わる

家電のIoT

発想の転換

電池のIoTとは

今まで、単純な走行（定速走行）しかできなかったおもちゃが、IoT電池を利用することで、スマホから自在に走行＆速度調整＆停止が可能。

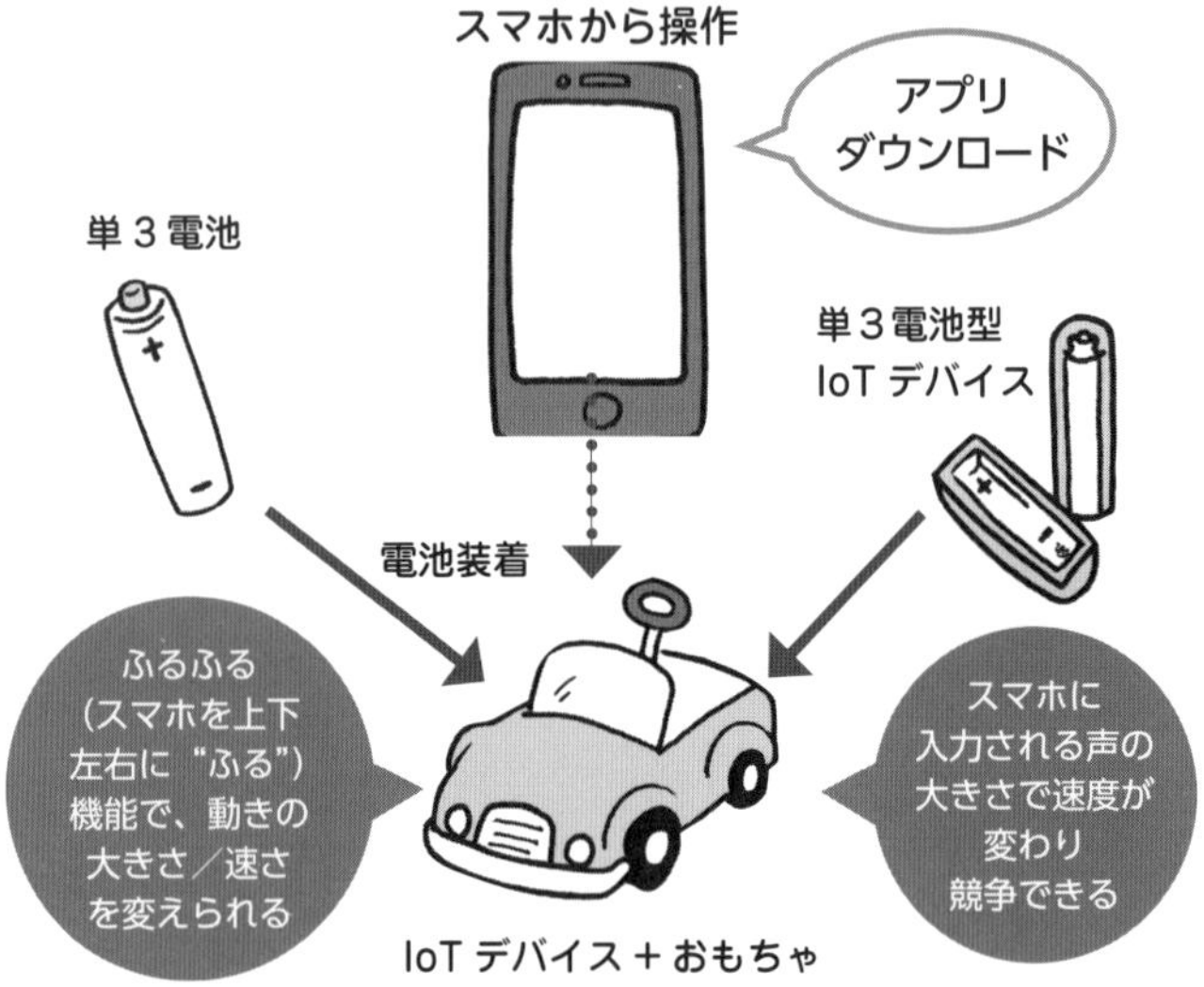

家電製品もＩｏＴ化され、様々に活用されます。

・電池のＩｏＴ

家電製品ではないですが、ＩｏＴ化できないと思われるような部品でもＩｏＴ化が可能です。上図のように、単3電池型ＩｏＴデバイスの例としてスマホと通信することで、定速走行しかできなかったおもちゃが、スマホ機能（ふるふる、音量など）により速度を競うことが可能になりました。

・見守りシステム

家電製品がＩｏＴ化されると子

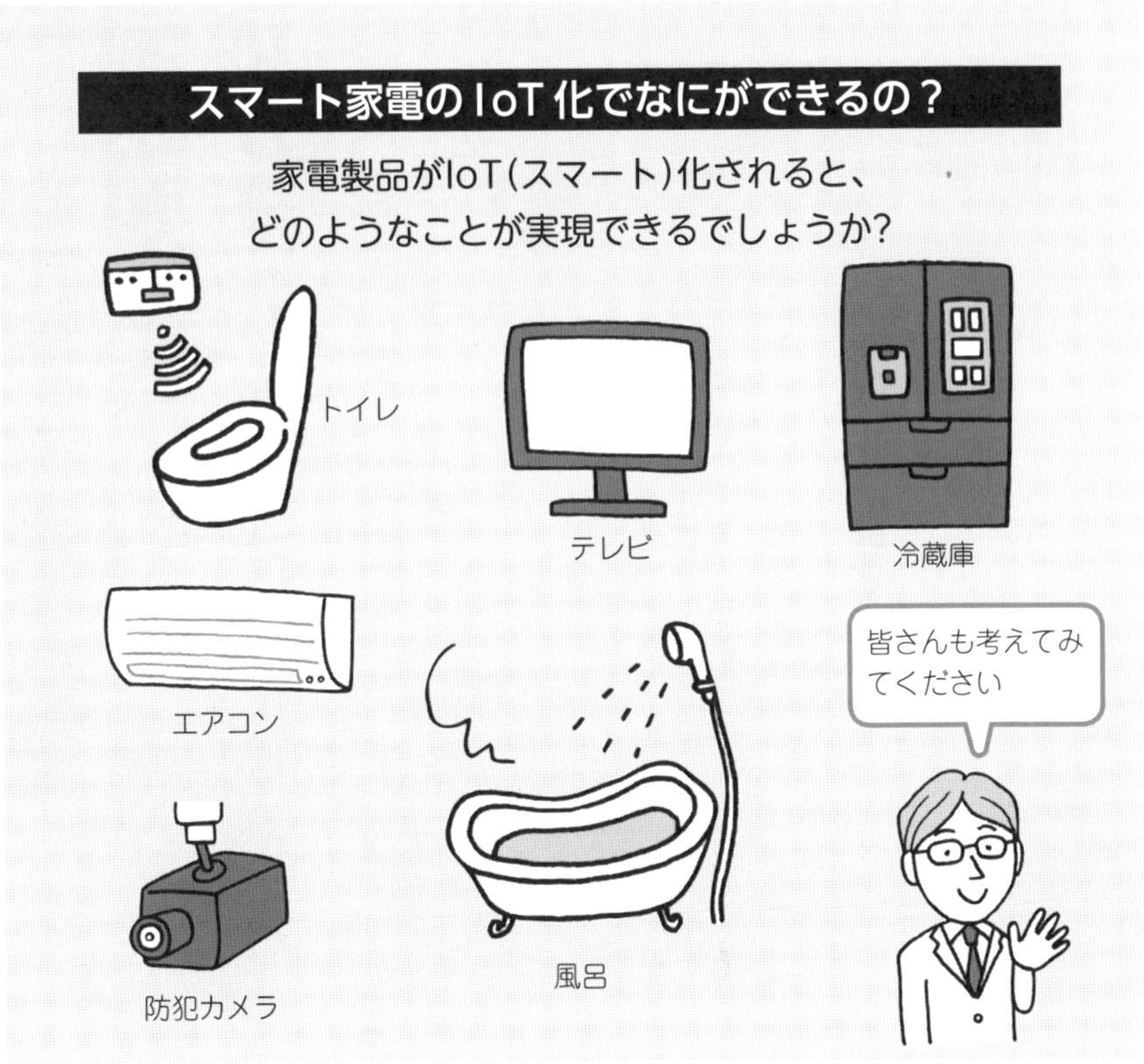

供やペット、老人の見守りシステムとして活用できます。当然、安否確認もできますし、冷蔵庫やトイレと連動することで栄養の採取や健康状態も確認できます。

・冷蔵庫のＩｏＴ化

冷蔵庫がＩｏＴ化されるとどのようなサービスが実現できるでしょうか。例えば、外出先から庫内のモノの検出が可能になりますし、注文アドバイス、賞味期限のお知らせ、保存場所通知、自動注文、操作状況（安否確認）、レシピのお知らせ、健康アドバイスなどを実施してくれます。

以上のように、家電製品がＩｏＴ化され、インターネットにつながるといろいろと便利な機能を思いつくのではないでしょうか。

車同士がつながり、車が社会とつながることで産業構造が変わる

車の自動運転は様々なメディアで取り上げられ、すでに知っている内容かもしれません。

しかし、IoTの観点からいうと、さらに進んだ「車と車のつながり」「車と人のつながり」「車と社会のつながり」のほうが重要になります。

コラムに自動運転のレベルについて記載しましたが、安全が実証されれば、レベル5の完全自動運転が義務化される日がくるでしょう。つまり、公道では人による運転ができなくなります。

●IoTによる自動運転で変わる社会

車とあらゆるものがつながると、渋滞が緩和されるのは間違いないでしょう。また、駐車場を探す必要がないため（人を降ろして勝手に車が帰る）、自動車の活用法も全く変わっていくでしょう。

自動運転の先にある未来を左頁《ページ》図に記載しています。皆さんもどのような社会がくるのか考えてみてください。

自動運転のレベル

自動運転にはレベルがあり、レベル0：運転自動化なし、レベル1：自動ブレーキなどの運転支援、レベル2：部分運転自動化（複数の運転を車が支援）、レベル3：条件つき自動運転（緊急時は運転手介入）、レベル4：高度自動運転（条件により運転手は乗車不要）、レベル5：完全（自律）自動運転というように定義されています。

自動運転と IoT の先にある未来

**先行の車のアクセル・ブレーキなどが把握できるため、
車間距離が短縮→最適なルートの判定→渋滞の回避**

駐車場を探す
必要が
無くなる

カーシェアリング
や相乗りが
加速

犯罪者が
逃亡できなく
なる

地方が
活性化する

タクシーや
バスが
無くなる

高齢者や
子供も
利用できる

交通違反が
無くなる

車の差別化が
性能やデザインではなく、
エンターテインメントへ

完全自動運転が
実現されれば（車の中でも）
お酒が飲める

自動運転の安全性が実証されれば、
完全自動運転が義務化されるで
しょう。つまり人は公道では運転
ができなくなります

■IoTによるビジネスモデルの革新

IoTでバリューチェーンが変わる／ビジネス構造が変わる

IoTによるバリューチェーンの変革

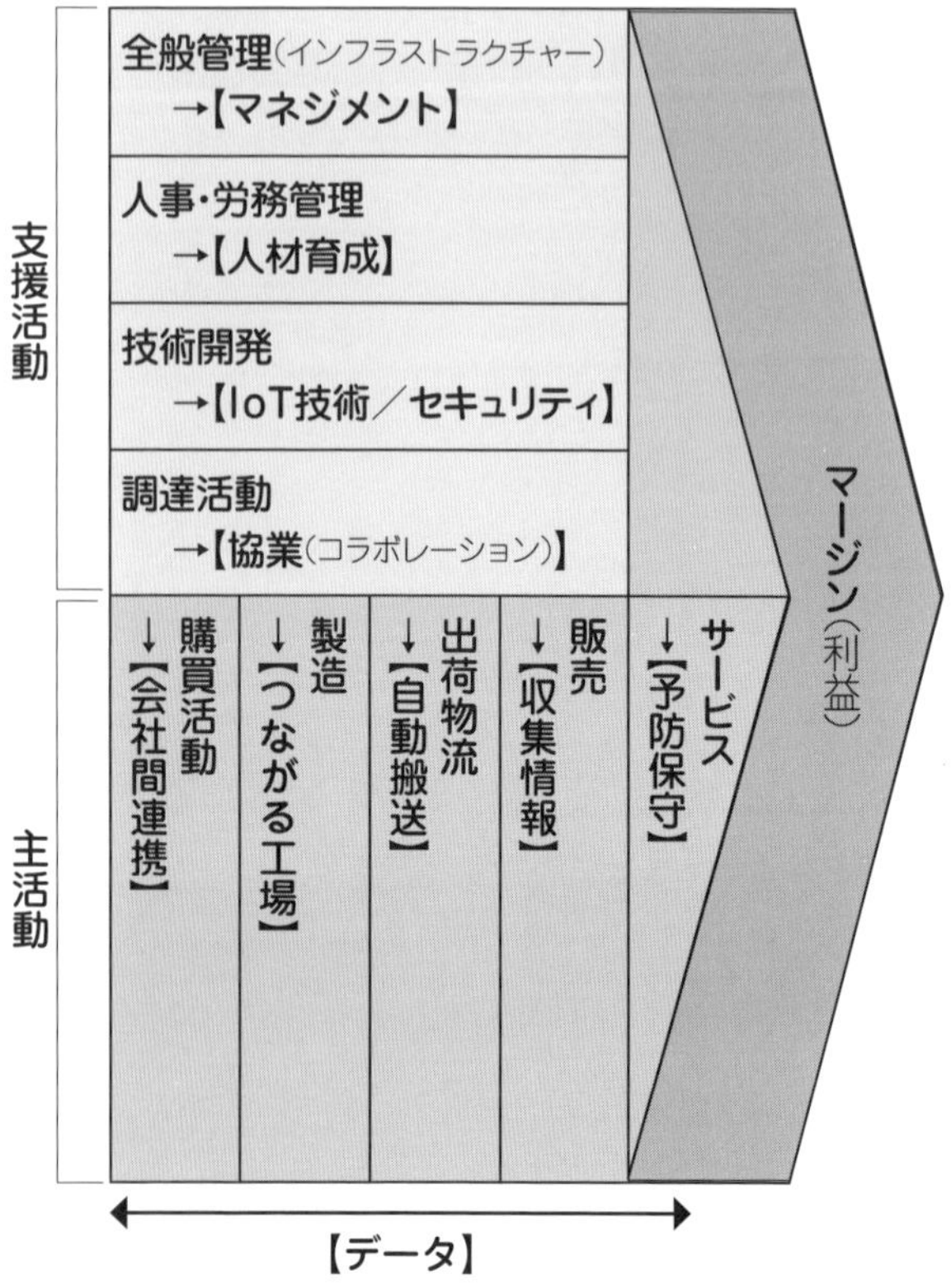

IoTでは単なる改善だけではなく企業のビジネスモデル（儲《もう》けのしくみ）の革新にもつなげられます。

・バリューチェーンの変革

バリューチェーンとは価値連鎖の意味であり、IoTで可能な革新は上図の通りです。【】内がIoTによるバリューチェーンの変革として考えられる項目です。

・ビジネスモデルの革新事例（1）

バリューチェーンの変革事例の一つ目は、小松製作所の事例です。小松製作所による土木／建設業界

●IoTによるビジネスモデルの革新事例（1）小松製作所

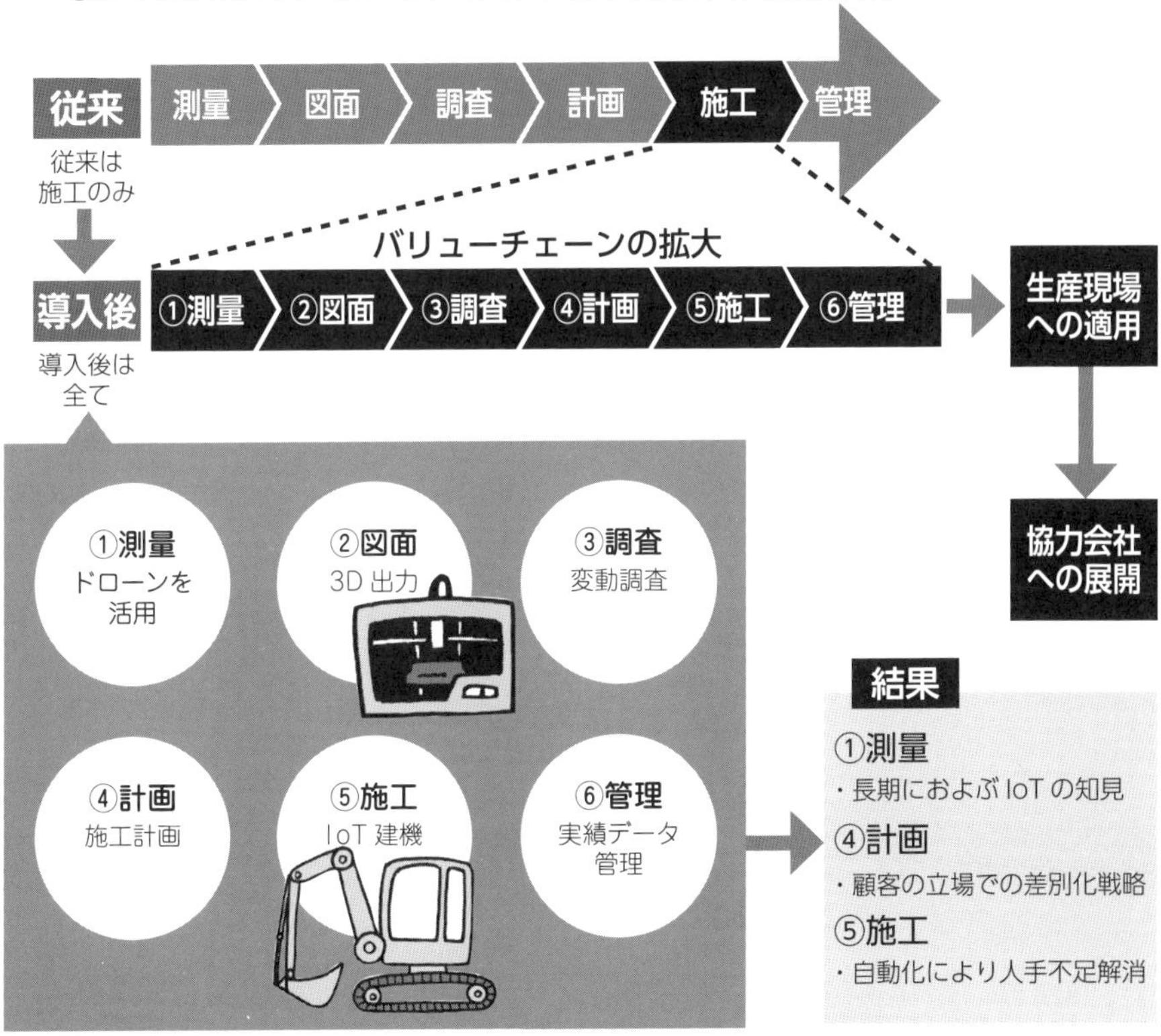

のＩｏＴ化はＰ94で述べましたが、小松製作所は、従来施工だけだった自社のポジションを、測量から管理、生産工場へのＩｏＴ適用まで拡大したことで大きなビジネスを獲得しました。

・ビジネスモデルの革新事例（2）

バリューチェーンの変革事例の二つ目は、米国のＧＥの事例です。ＧＥは、従来ジェットエンジンの製造のみだった自社のポジションを、ＩｏＴにより故障予知からの部品交換、低燃費飛行の提案へと広げました。また、そのノウハウを自社のＩｏＴプラットフォーム（Ｐ48参照）の販売へとつなげ、ＩＩＣ（Industrial Internet Consortium）（Ｐ28参照）では中心的役割を果たしています。

おさらいコラム

- ＩｏＴはあらゆる業界や職種で適用が可能であり、事例を参考にするのが効果的である
- 小売り／飲食業界でも、生産性向上（無人化）、品質管理、顧客の利便性向上／マーケティングなどに応用されている
- ＩｏＴで働き方改革や在宅勤務が加速される。また、家庭のあらゆるものがＩｏＴ化され、利便性向上、省エネ、健康管理などが可能になる
- サービスのＩｏＴ化により、いろいろなサービスの状況が遠隔から確認できるようになり、利便性が向上する。また、シェアリングエコノミーも加速される
- 人手不足が顕著な介護／福祉／病院などではＩｏＴにより対策が進む。また、見守りや介護者／患者の支援にロボットが利用される
- 労働集約的な業界である農業／建設／土木／製造／物流／倉庫などではＩｏＴによる改善や自動化が進むとともに、AI などが利用され作業のやり方などが抜本的に改善される
- 特に製造業などでは設備や製品の故障予知にＩｏＴが効果的であるという結果が出ている
- 家電製品もＩｏＴ化され、利便性向上や安否確認などにも利用される
- 単なる業務改善だけではなく、ビジネスモデルの革新やバリューチェーンの変革にもつながる。また、産業構造も変化し、新たなビジネスが創出される

第４章

ＩｏＴを進めるときの注意点

IoT導入／推進には、注意すべき5つの壁が存在する

IoT導入／推進の流れと5つの壁

ステップ1
推進の経営判断や投資判断

ステップ2
推進体制とコラボレーションの確立

ステップ3
具体的実施方法の検討（接続⇒データの収集⇒蓄積⇒分析）

ステップ4
上記の分析結果をもとにした改善手段の現場適用

ステップ5
改善手段の結果を適用したフィードバック

企業や組織のＩｏＴ導入／推進には上記の５ステップの流れがあり、ステップごとに壁が存在します。そのため組織が一丸となりこれらの壁に対応することが重要になります（Ｐ108参照）。

●注意すべき5つの壁とは

1 経営判断や投資判断の壁

ＩｏＴは費用対効果の判断が難しく、従来のＩＴ投資より難しい面があります。トップダウンでの推進が重要です。

2 推進体制の壁

1 経営判断や投資判断の壁
IoT は、データを取得してみないと、どの程度の効果に結びつくかの判断が難しい。

対応方法：トップダウンでの対応（経営陣の方針の明確化）

2 推進体制の壁
IoT 導入においては、様々な部署（ステークホルダー）が関連している。ベンダー / メーカー / サプライヤーも一緒に IoT 導入の推進を考えなければ成果に結びつかない。

対応方法：組織体制の確立が重要

3 技術の壁
IoT 導入の具体的実施方法を検討すると技術の壁にぶつかる。システムインテグレータなどのベンダーに運用を丸投げすると、費用が莫大になる。

対応方法：必要な技術を早い段階で習得することが重要

4 現場適用の壁
新しい方法を現場に適用しようとすると、多くの抵抗勢力が発生する。ここでいう現場とは、製造業の生産現場などに限らず、営業部門／購買部門／開発部門などの改善を適用する間接部門も対象になる。

対応方法：現場担当者を早い段階で巻き込む

5 効果が発揮できない壁
改善手段を現場に適用しても、すぐに効果が出るほうが少ない。この壁が最も厄介であり、高い壁になることが多い。

対応方法：試行錯誤しながら調整を行う。「改善⇔データ収集」のサイクルを早く回す。それが IoT 成功のキーポイント

推進体制の壁の対応策は、それぞれP108・112～114で解説します。

3 技術の壁

IoTに関する知識やスキルが全くない場合、IoT推進が業者に丸投げになります。また、技術習得は重要ですが、計画的な育成が必要です（P110参照）。

4 現場適用の壁

実際にIoTを使う人を早い段階で巻き込んでおかないと、現場へIoTを適用する際に協力してくれないことがあります。

5 効果が発揮できない壁

IoTは、効果がすぐに出ないこともあります。その際は、試行錯誤しながら調整することで大きな成果につながります。「改善」「データ収集」のサイクルをいかに早く回すかがポイントです。

IoT推進における失敗の主な原因は、組織体制にあり

IoT推進には失敗も多数あり、その原因は推進体制に問題がある場合が多いです。問題を解決するためにはP112「社内連携」やP114「会社間の連携体制」に注意をはらわなければなりません。もう一つの大きな問題は「組織文化／企業文化」が阻害要因であることです。IoTでは「データを有効活用することが本質」と述べました。この、データ駆動型社会においてはデータをもとにあらゆる判断をすることが重要ですが、そのような習慣がない組織ではどうしても定性的で勘に頼った判断をしてしまいます。

●推進方法を3つに分ける

左記は製造業などでのIoTの3つの推進方法です。目的やゴールにより推進方法を3つに分けることが重要です。

例えば、左頁《ページ》①の「現場の課題解決」であれば従来に近い方法での取組みが可能です。一方で②のように「あるべき姿」を目指すスマート工場などでは、投資対効果の判断がしにくいなどの理由もあり、経営陣の号令のもとトップダウンでの推進が必要です。また、③「ビジネスモデル構築」ではコラボレーションが重要になります。これら3つを同時に、または混在させるとIoTの推進はうまくいかなくなります。

IoTの推進は、従来と同様の組織体制や推進方法ではほぼ失敗します

IoT の推進に必要な 3 つの推進方法

●製造業の場合

製造業の場合は下記のような推進方法が必要となります。

① IoT による現場の課題解決

改善： 現状の問題／課題を IoT を使って解決（現在の延長線上で考える）

この推進方法は、現場の担当者主導で目の前の課題を分析／対策（改善）し、小さな変更を積み上げていきます（ボトムアップ型での推進）。

②スマート工場などの実現

改革： 現状の状況は考慮せず（あるいは否定し）、あるべき姿を設定

この推進方法は、経営層などが設定した理想志向からの戦略／方針をもとに、大胆な変更を実施し（改革）、スマート工場を実現します（トップダウン型での推進）。

③ IoT ビジネスモデル構築

革命： IoT で新たな付加価値を発生させるためのビジネスモデル構築

この推進方法は、他社との連携（コラボレーション）をもとに、顧客志向で発想を変えて新たなビジネスモデルを構築します（ネットワーク型での推進）。

ＩｏＴは闇雲に学習しても効果は出ない。体系的育成が必要

Ｐ106「技術の壁」のところでも触れましたが、ＩｏＴ人材の育成は重要です。また、ＩｏＴ人材においては、デバイス、通信、データ分析、セキュリティなどの技術要素だけではなく、戦略／マネジメント、産業システム、標準化、ＩｏＴ推進団体、法律などの知識も重要になります。スキルマップはＩｏＴ検定（コラム参照）などを参考にしてください。

●必要なスキル

実際には、個々の担当者により必要なスキルレベルは異なります。

さらにいうと、組織／企業がしたいことや、各担当者の役割によって必要なスキルを考える必要があります。

左頁《ページ》はＩｏＴ技術ロードマップとＩｏＴスキルマップのサンプルです。この例のように、個々の担当者ごとに必要なスキルを設定する必要があります。

このような設定をしないと、技術者は興味本位に学習し、技術の習得だけで満足してしまう可能性があります。

ＩｏＴ検定

著者らが 2016 年に立ち上げた、ＩｏＴの人材育成を目的とした検定制度。ＩｏＴの範囲は幅広く切り口も多数ある中で、人材育成が重要という認識のもと、スキルマップの定義を含めＩｏＴ検定制度委員会では様々な活動を実施してきました。さらに、第４次産業革命の中核となる人材育成のため、多様な展開を進めています。

必要なスキルを判断し習得する

●IoT技術ロードマップ(一部抜粋)

この図はIoT技術ロードマップ(例)の一部抜粋ですが、長期的に見て自社に必要なスキルがなんであるかを、IoT技術ロードマップを作成し検討します。

△これからのイベント　▲過去のイベント　×不利益となるような項目

	2018年	2019年	2020年	2021年	2022年〜
社会 (ネット接続デバイス数)	▲韓国で冬季五輪 (348億台)	△ラグビーワールドカップ日本開催 景気のピーク 観光客向け掲示の拡大	△東京五輪 IoTインフラ輸出の拡大 (500億台)	×不景気へ転換 IoTによるデジタルデバイド(情報格差)の解消	△リニアモーターカー(品川ー名古屋) 2027年 ×エネルギー・資源の枯渇 3Dプリンタ市場規模 264億ドル
生産	ウェアラブル端末による生産性向上 トレーサビリティの充実 原価計算の自動化 遠隔からの生産支援	自動IE リアルタイムマネジメント DDMへの発展加速(3Dプリンタ) 検査へのフィードバック	×ものづくり人材の不足 予防保守への応用 不良の原因特定の自動化 製品のカスタム化	リアルタイム制御(ロボット) 自動コストダウン	グローバル連携(ボーダーレス化)
AI (人工知能)	動画像処理適用の普及	AIの加速 自然言語処理と他の認識技術の連携	セキュリティホールの自動検出		人の機械のナチュラルIFの実現(2030年) 人間の知能を超える「シンギュラリティ」2045年? 地震予知?
通信	5G試行		5G(高速大容量、同時多接続、低遅延)		

●IoTスキルマップ(一部抜粋)

この表はIoTスキルマップ(例)の一部抜粋ですが、上記のIoT技術ロードマップで検討した必要なスキルを自組織の部門や役割毎《ごと》に割り当てます。

△必要により習得要　○習得要　◎専門性が必要

		L1	L2	L3
		担当	IoTリーダー	経営層(工場長)
IoTシステムを検討する上での右の技術についての内容、特徴、注意事項の理解	CPS(Cyber Physical System)	○	◎	◎
	RPA(Robotic Process Automation)	○	◎	◎
	VR(Virtual Reality:仮想現実)	○	◎	△
	AR(Augmented Reality:拡張現実)	○	◎	△
	ウェアラブルデバイス	○	◎	○
	ビッグデータ	○	◎	○
	ユビキタスコンピューティング	△	○	△
	ブロックチェーン	ー	△	△
	ドローン	△	○	○

■ＩｏＴでは社内連携が重要

ＩｏＴは、全社一丸となる社内連携で5つの壁を乗り越える

ＩｏＴでは幅広い知識が求められるとともに、全体が最適かつ組織を一体化した業務に変えていくため、全社のあらゆる組織を巻き込んだ体制にて「５つの壁（Ｐ106参照）」に対応する必要があります。そのため、ＩｏＴ推進では、関連する全部門の代表者が参加するプロジェクト体制を推奨しています。しかしながら、このプロジェクト体制も、従来一緒に仕事をしてこなかった部門間での常識や価値観の違いから軋轢《あつれき》が生じることも少なくありません。まず、必要なことは目的／方針を共有することです。一つの部署では進まないのがＩｏＴであり、協力体制が必須ということを理解する必要があります。

●ＩｏＴには新部署が必要？

「ＩｏＴ推進には新部署が必要である」とマイケル・ポーター氏などが提唱しています（左頁《ページ》参照）。部門の新設は実施しなくても、その役割を誰かが担う必要があるでしょう。

CDO（最高デジタル責任者）

IoT 時代のデータ活用などを考え、経営層にその役割を担える担当者を置く企業が増えています。それが CDO（Chief Digital Officer：最高デジタル責任者）です。この CDO 職は第４章に記載の注意事項を認識し、経営的視点で自社や自組織を牽引《けんいん》する必要があり、IoT に関するあらゆる知識と変革に対するヒューマンスキルが求められます。

IoT 推進の組織体制

●マイケル・ポーター氏などによる部門新設の推奨

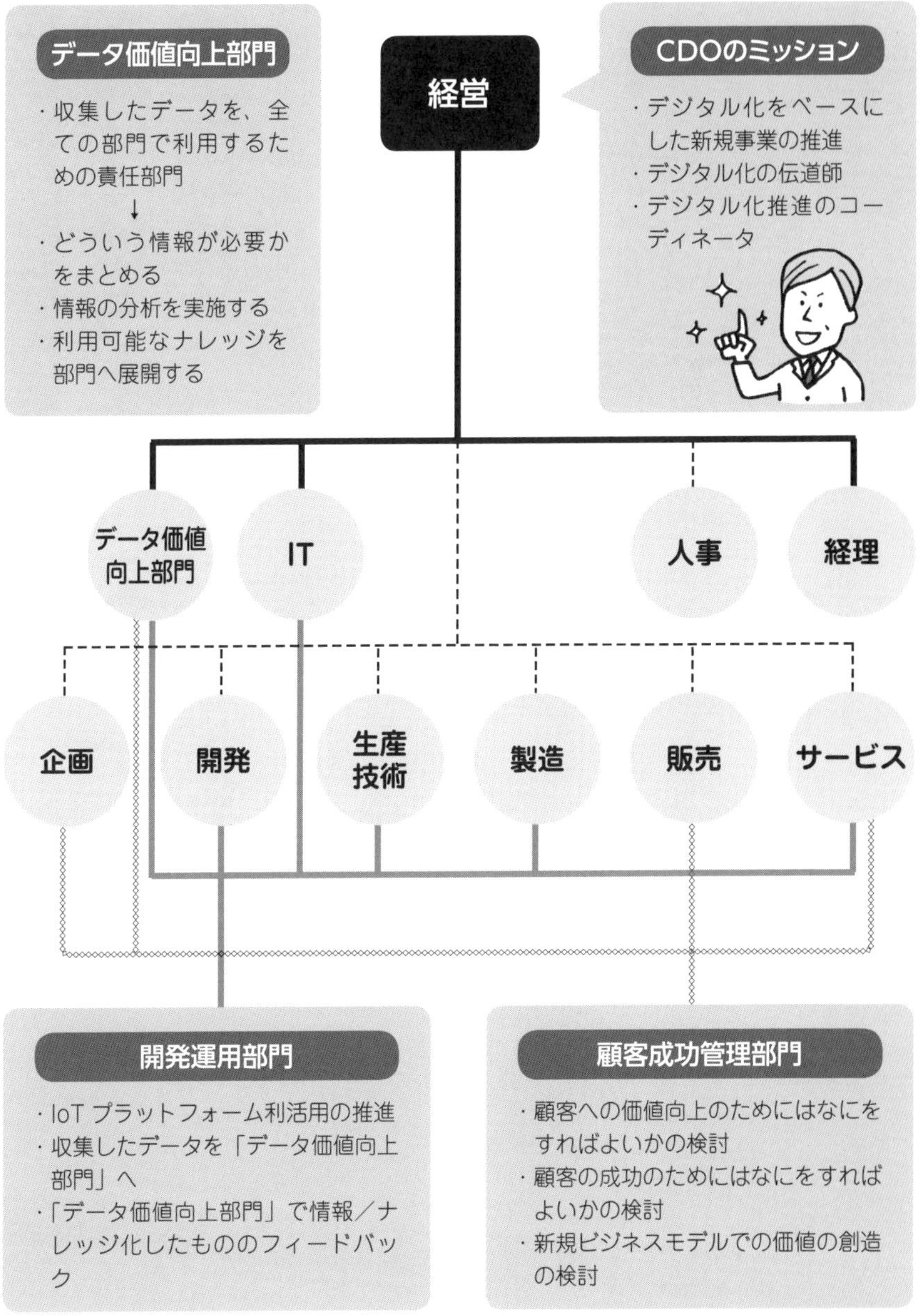
データ価値向上部門
・収集したデータを、全ての部門で利用するための責任部門
↓
・どういう情報が必要かをまとめる
・情報の分析を実施する
・利用可能なナレッジを部門へ展開する
経営
CDOのミッション
・デジタル化をベースにした新規事業の推進
・デジタル化の伝道師
・デジタル化推進のコーディネータ
データ価値向上部門
IT
人事
経理
企画
開発
生産技術
製造
販売
サービス
開発運用部門
・IoT プラットフォーム利活用の推進
・収集したデータを「データ価値向上部門」へ
・「データ価値向上部門」で情報／ナレッジ化したもののフィードバック
顧客成功管理部門
・顧客への価値向上のためにはなにをすればよいかの検討
・顧客の成功のためにはなにをすればよいかの検討
・新規ビジネスモデルでの価値の創造の検討

■IoTでのコラボレーション

一社だけではうまくいかない。自前主義は捨て、会社間連携を

本頁《ページ》では会社間連携（コラボレーション）について解説します。IoT時代では、自前主義は効率の悪化や競争力の低下を招きます。

●IoTの外部委託

中小企業においては投資を最小限にするため、パッケージ製品（市販品）をいかに使いこなすかということが重要になります。その際もIoT人材が育っていない状況では外部の力を借りる必要があるでしょう。中堅以上の企業では効率を考え、SIer「SI（シス

IoT化の促進体制（SIerとの役割分担例）

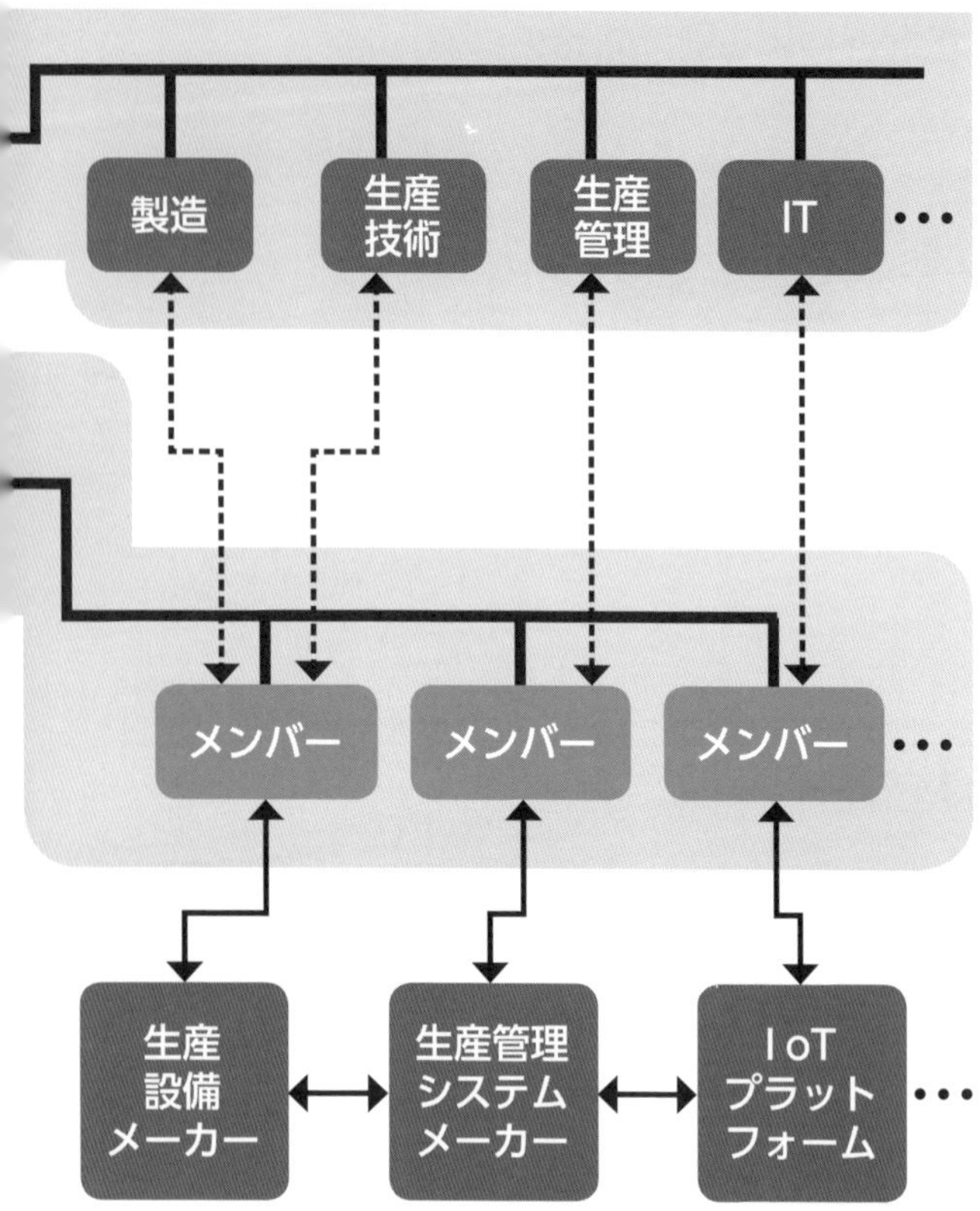

● SIerとの役割分担例

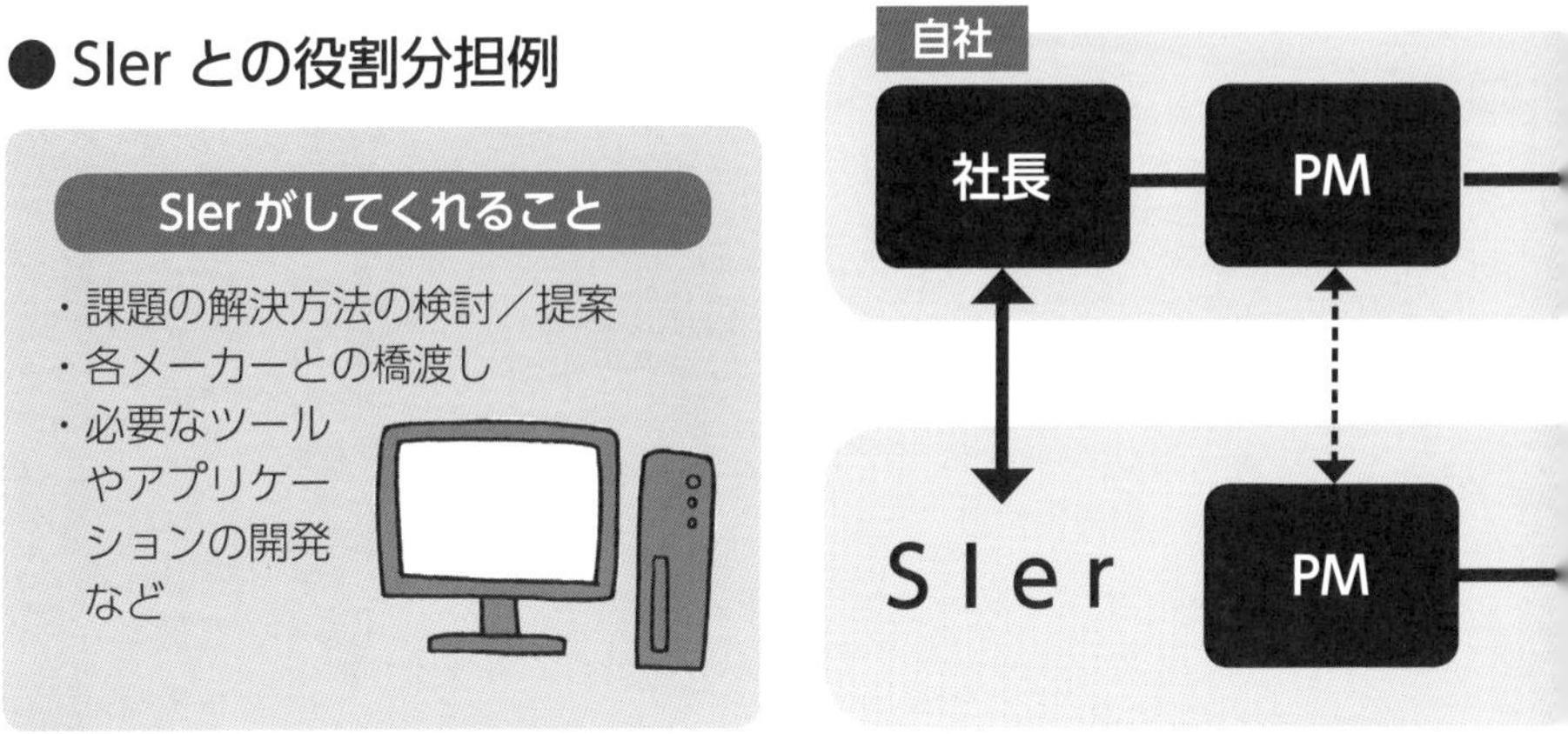

●目的と手段の連鎖

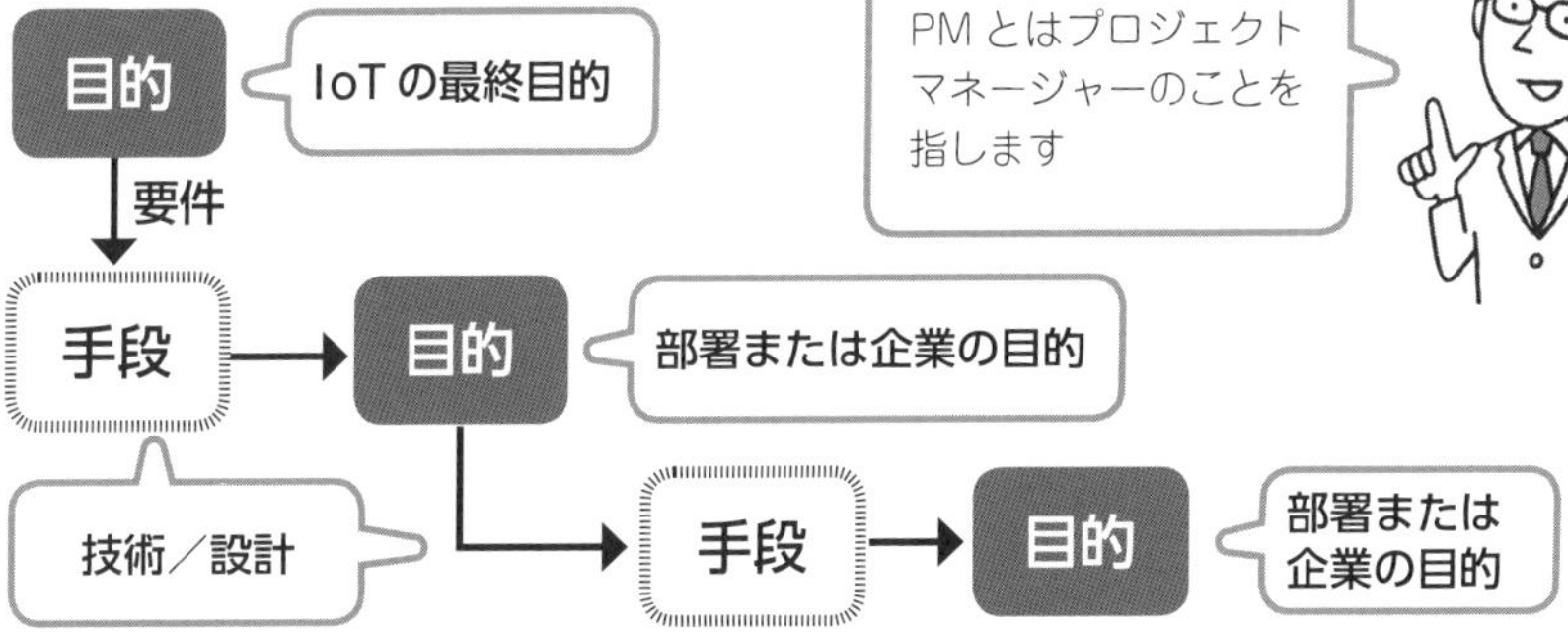

テムインテグレーション）を行う業者」などに依頼をしてIoT化を推進する必要があります。その際の役割分担例は上図の通りです。注意したいのは、全てをSIerに丸投げすると費用が膨大になるだけでなく、目的が達成できなくなる可能性が高まることです。

●目的と手段

通常の業務では、個々の企業や組織にあてはめると前組織の手段が自組織の目的になることがあります。あらゆる組織や企業がつながるIoT時代では最終目的を意識した上での他社とのコラボレーションが重要です。自社の強みを意識し、強みに集中するとともに、連携による新たな付加価値を創出する必要があります。

■セキュリティはIoTのアキレス腱《けん》

つながることで、セキュリティの問題が致命的になる可能性がある

ITとIoTのセキュリティの違い

	IoT製品やサービス
	リソースが少ない機器が多い（コストをかけられない、暗号化が困難などの制約）
	長期間の使用が一般的（特に工場の制御機器など）
	セキュリティのサポート期間を明確にすることが困難
	連続稼働機器では、ソフトウェアの更新が困難な場合がある（セキュリティパッチの適用が難しい）
	認知度が比較的低い（セキュリティの非専門家が開発することが多い。利用者がパスワードなどのセキュリティに関する知識が少ない）
	機器の用途によって、安全上の問題に直結する
	デバイス／ソフトウェアが多様であり、個別の対策に要する時間が大きい
	個別に侵入の入り口がある

IoTのセキュリティ技術についてはP74で解説し、ITとIoTのセキュリティ技術に大きな違いはないが、その前提条件や環境に大きな違いがあり、従来のITでのセキュリティ技術が適用できない場合が多いと述べました。その意味を考えてみましょう。

●ITとIoTの違い

上表はITとIoTのセキュリティに関する主な違いです。IoTを実現するためには通信機能を持たせればよいですが、セキュリ

No	項目	IT（パソコンやスマホ）
①	リソース（CPU 性能、メモリ容量）	比較的、高性能なＣＰＵ、大きいメモリ容量のため、セキュリティ対策が容易
②	利用期間	パソコン／スマホなどでは 2、3 年程度が多い
③	サポート期間	OS などによって期間が決められる
④	連続稼働（365 日、24 時間稼働）	通常だと連続稼働はない
⑤	製造者／利用者のセキュリティに対する認知度	比較的高い。企業では教育がされている
⑥	安全	安全上の問題に直結することは少ない
⑦	ソフトウェア変更	汎用機が多いため、対応が比較的容易
⑧	保守やデバッグ用の機能 / 接続	侵入は容易ではない

ティ対策を実施しようとすると、リソース環境に差があるため「暗号処理ができない」「セキュリティチェックを動かすと通常動作に支障が出る」などの問題が生じます。また②「利用期間」が工場設備によっては20年におよぶものもあります。さらに③「サポート期間」もＩｏＴ製品では明確にできないなどの問題が発生します。いずれにせよ、単純にＩｏＴ化する（接続機能をつける）とセキュリティリスクが発生するため、当初からセキュリティを考慮した対応が必要です。問題が発生してからの事後対応は通用しません。特に⑥「安全」に関連する業務の場合、セキュリティ問題が発生しても安全を確保する「フェールセーフ」の考えが重要になります。

著作権、電波法、ドローン規制法。IoTと法規制の考え方

IoTと法律の関係

● IoTに関連する法律や規制

・著作権法／特許法
・電波法
・電気通信事業法
・製造物責任法（PL法）
・ドローン規制法
・電気用品安全法
・個人情報保護法

左記は一例であり、他の法律はIoTに無関係ということではありません

●インターネットの世界であることから、どこの国の法律が適用されるかの判断が難しい

●つながることにより成立するビジネスでは、責任の所在が難しい（オープンデータの形式が変わり、サービスが継続できないなど）

●産業などが従来の範囲を超えて連携した場合の適用法律の判断が難しいこともある

ＩｏＴに関連する法律にはどのようなものがあるでしょうか。

ＩｏＴ社会においては、インターネット上でデータをやり取りすることも多く、どこの国の法律が適用されるかの判断を間違うこともあるため注意が必要です。

・著作権

ＩｏＴでは、データを活用した新たなノウハウの取得は重要です。しかし、考え方を誤ると著作権などの問題につながります。ＡＩを使用すると、村上春樹氏風の小説や小室哲哉氏風の曲を作ることが

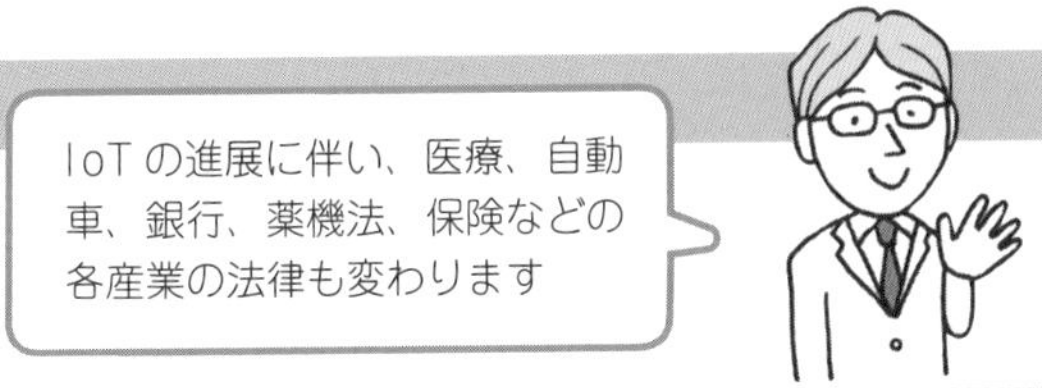
IoTの進展に伴い、医療、自動車、銀行、薬機法、保険などの各産業の法律も変わります

Q&A

Q1 オープンデータってなに？

A1 一切の著作権、特許などの制限がなく、自由に利用できます。

Q2 仮想通貨の取引所の規制も問題が発生するたびに変わるの？

A2 問題が発生するたびに規制が厳しくなっています。今後も、規制強化の流れがしばらく続くでしょう。

Q3 データの独占は、独占禁止法の対象になるの？

A3 欧米では「不当なデータ収集」や「データの寡占が発生する合併」などが、独占禁止法の対象になっています。日本においても今後同様の事例が出てくると考えられます。

可能です。

つまり、村上春樹氏の小説のデータや、小室哲哉氏の曲のデータを入力するということです。このように、ＡＩで作られた小説や楽曲の著作権は、どこにあるのでしょうか。

・ライセンスとオープンデータ

オープンデータというのは、一切の著作権、特許などの制限がなく、自由に利用できるものです。一方で、再利用に一定の制限があるデータも多数存在します。

・電波法

ＩｏＴでは電波法が問題になる可能性があります。国により規制が異なります。

・ドローン規制法

Ｐ69のように規制があります。

■データを収集する際のノウハウ

データは闇雲に収集しても効果なし。データの収集と有効利用法とは

データ分析に関する流れ

①業務の理解と目的の設定	業務の全体像を把握し、データ分析の目的を設定
②データ理解	必要なデータの決定とデータの定義づけ
③データ収集	データ収集と加工
④データ分析	数理モデルの構築、効果のある組み合わせの発見
⑤展開	業務施策の実施
⑥評価	施策の効果検証（結果により①～⑤に戻る）

●データ分析に関する流れ

データ分析に関する流れは上図のようになります。②「データ理解」で必要なデータが決定されるため、データ決定の前に①「業務の理解と目的の設定」が必要です。①が不十分のまま闇雲に③「データ収集」や④「データ分析」を実施しても効果につながらないばかりか大きな混乱を生むでしょう。

●相関関係と因果関係

P54で相関関係について述べましたが、相関関係があっても因果

因果関係とは

原因と結果が成立するものです。相関関係があるだけでは、因果関係があるとは断定できず、因果関係の前提に過ぎません。

●因果関係が成立するためには

①相関関係がある
②時間的順序が成立する
③第3の要因は存在しない

●データの価値の進化

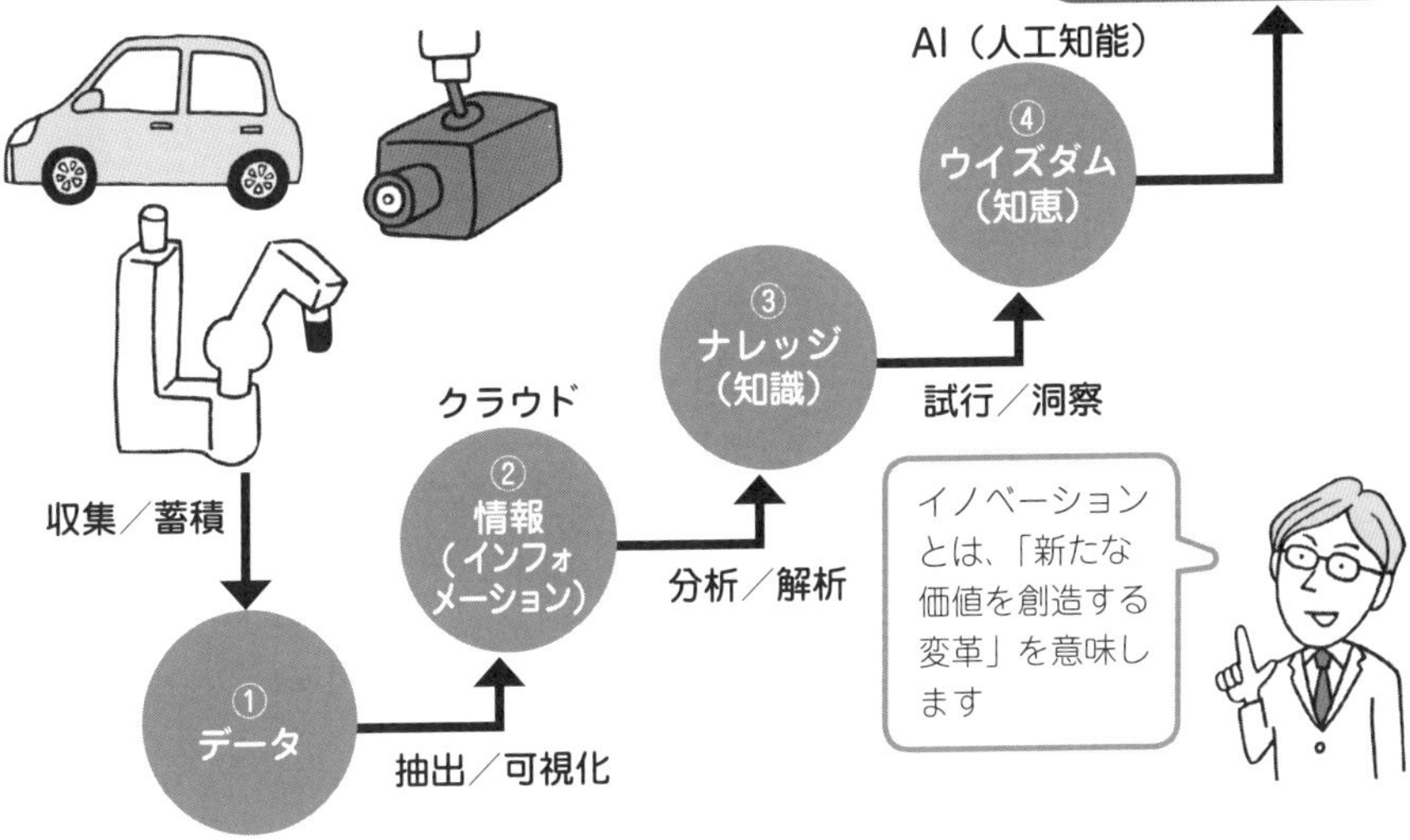

関係は成立しません。相関関係がある場合「時間関係」や「第3の要因は存在しないのか」を見極める必要があります。

●データの価値の進化（上図）

単に収集／蓄積した①「データ」は価値を発揮しません。①「データ」を抽出／可視化することで②「情報（インフォメーション）」となり、分析／解析して③「ナレッジ（知識）」が得られます。また③「ナレッジ（知識）」を試行／洞察することで④「ウイズダム（知恵）」へ進化します。最終的には④「ウイズダム（知恵）」からイノベーションが生まれます。現代のAI（人工知能）ではイノベーションは生まれないとされています。

■ＡＩ（人工知能）活用の注意点

ＡＩは諸刃《もろは》の剣。使い方を間違うと大変なことに

ＡＩ、特にディープラーニングはＩｏＴのデータ分析の分野に革新をもたらしました。しかしＡＩの本質を理解しないと、逆に致命傷を負いかねません。日本のＡＩ研究は遅れているといわれていますが、最終的にＡＩをどのように使いこなすかがポイントです。

●ＡＩは人によるお膳立てが必要

現在のＡＩは、全ての作業をＡＩ自身が実施するわけではありません。データが無ければＡＩは無力です。従って、入力データの採

AI活用とAIの未来

●AIを理解して活用ポイントを見極める

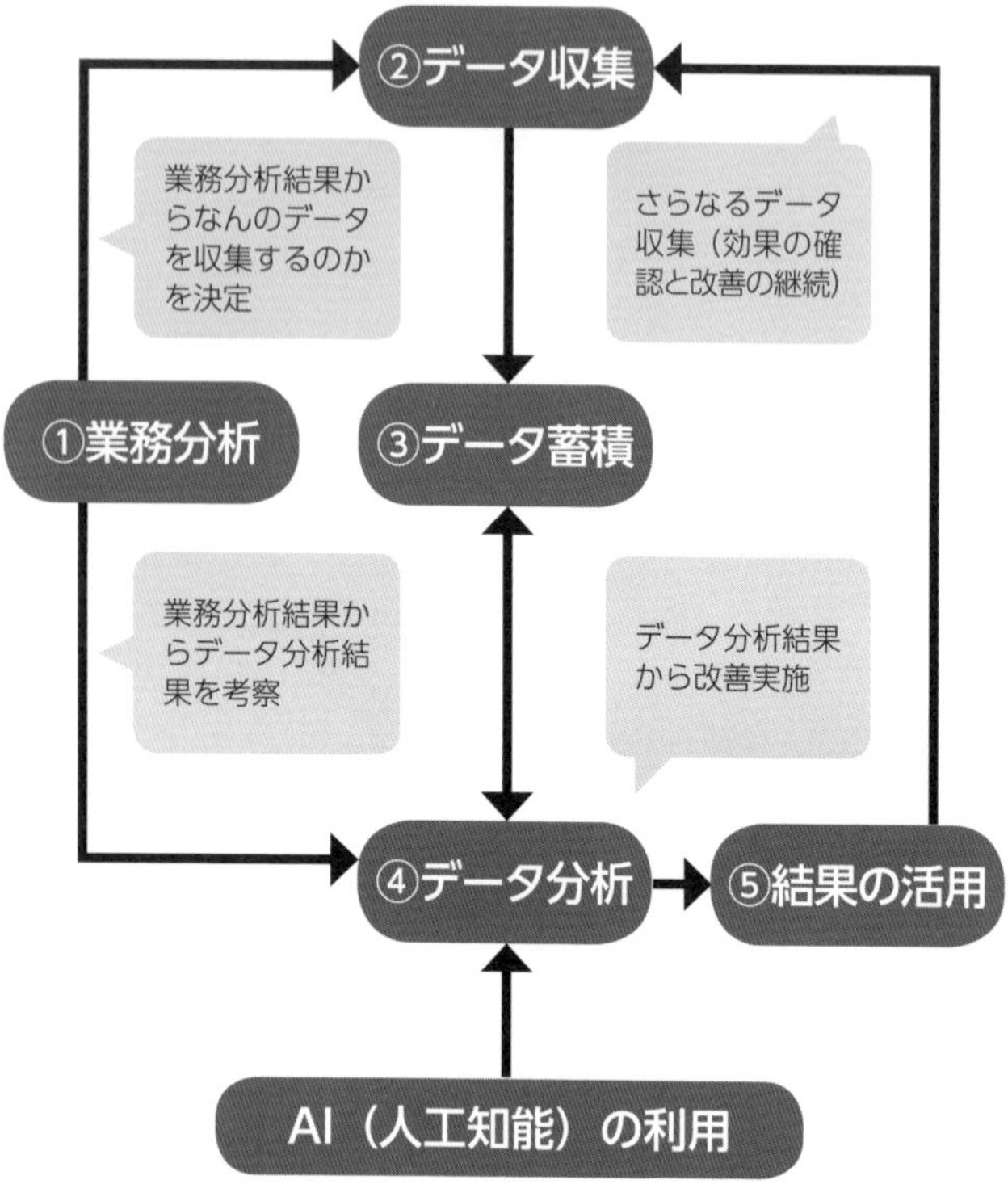

●AIの現状と今後の展望

現状

- 世界はGoogleやFacebook、中国系企業を中心にAIの研究に莫大な投資を行っている
- 収益化の手段としての位置づけがなければ発展しない（インターネット空間のサービスの充実）
- ディープラーニングの研究では、日本はかなり遅れている
- 日本は従来のAI以外の分野において、基本技術を利用し、応用面で世界を凌《りょう》駕《が》した
- 特に日本の強みであるものづくり産業へのAIの応用で世界のトップになれるかがキーポイント

→

展望

- 日本においては、インターネット空間ではなく、実空間におけるAI活用が進む（特に製造業に期待）
- AI自身のオープン化が進むと、現状の日本の遅れは致命的でなくなる
- セキュリティの問題や説明責任を含めて、問題が発生した際の対応方法や法整備の加速が重要となる
- 日本においては、上記の問題をクリアしないとAI活用が進まない恐れがある（米国などでは、人的ミスに比べてAIのレベルがはるかに高ければ、AI導入へ移行すると思われる）
- 今後の競争力は、AIを使いこなせるかどうかにかかっている

択については人が検討する必要があります。Ｐ120で述べた「相関関係」や「因果関係」などを考慮し、必要なデータを決定します。データ収集にも関連しますが、ＡＩは見たことがないデータには無力です。逆に間違ったデータを入力すると変な学習を行い、結果として判断を誤ります。

また、Ｐ120にも記載したようにＡＩにはひらめきが無いため、イノベーションは起こせません。

●選択根拠が不明

Ｐ60で述べたように、ディープラーニングは論理が非常に複雑なため、選択された結果の根拠（理由）が不明になり、安全性・信頼性（説明責任）が求められる領域への適用は難しい面があります。

●ＩｏＴを推進する上では、５つの壁が存在し、数多くの注意事項などを理解しないと必ずといっていいほど失敗する

●それらの壁を乗り越えるには、推進の方法、社内連携、社外連携、人材育成、組織文化などに適切に対応する必要がある

●推進の方法は３つあり、①ボトムアップ型での現場改善、②トップダウン型でのあるべき姿への改革、③連携（コラボレーション）でのビジネス構築改革を分けて進める必要がある

●セキュリティはＩｏＴのアキレス腱《けん》やボトルネックといわれている。ITとＩｏＴのセキュリティの環境や前提条件の違いを理解する必要がある

●ＩｏＴはデータの活用が本質であり、どのデータを収集し、どの段階で価値が進化するのかを意識する必要がある

●法律に関連する注意事項も多数ある。電波法、ドローン規制法、著作権などの考え方などを理解する必要がある

●AIは諸刃《もろは》の剣であり、使い方を誤ると大きな問題につながる。現在のAIではかなりの部分は人によるお膳立てが必要

●AI自身の技術は日本は遅れているが致命傷にはならず、今後応用面でどのようにAIを使いこなすかがポイント

●ディープラーニングは、選択された根拠の結果が不明であり、安全性などが求められる領域への適用は難しい

おわりに

ＩｏＴは、現代社会で知っておかなければいけない必須の知識

ＩｏＴは、現代の必須知識であり、この書籍に記載された内容は理解する必要があると思います。また、さらに専門的な方向へ進む場合にも基礎が無い状態では方向性を見失うでしょう。ＩｏＴの関連知識は幅広く、その幅広い項目を書籍一冊でまとめることは難しい面がありました。逆にいうと、「知識ゼロ」から、幅広いＩｏＴをコンパクトな一冊で学べるところに、この書籍の価値があります。

ＩｏＴは無限の可能性がある第４次産業革命の柱ともいえるものです。ＩｏＴを漠然と捉えていた方でも、本書を読んでいただいて具体的なイメージがわいてきたという方も多いと思います。しかし、ＩｏＴは実際に進めてみて、初めてその難しさがわかることが多いのです。壁にぶつかった際は、また本書に戻っていただくと、本書に書いている内容の本質が理解できると思います。

最後に、執筆に協力してくれた方に、この場を借りてお礼申し上げます。

合同会社コンサランス代表　中小企業診断士　高安　篤史

か行

回帰分析……53
会社間連携……114
教師あり……59
教師なし学習……59
組込みシステム……40
クラウド……46

さ行

産業用ロボット……62
シェアリングエコノミー……82
自動運転……100
自動化……56
社内連携……112
重回帰分析……53・55
自律化……20・25
自律性……20
スマート家電……98
スマート工場……91
スマートハウス……80
スマートホーム……80
生産管理システム……88
セキュリティ……74・76・116
センサー……36・38・39・76
相関関係……54・120
相関分析……54

た行

第4次産業革命……24
単回帰分析……53・55
著作権……118
通信……37
つながる工場……90
ディープラーニング……57・60
データサイエンティスト……52
データ分析……52・54・120
デジタルツイン……93
電波法……119
ドローン……68
ドローン規制法……69

な行

無くなる仕事……27
ニューラルネットワーク……57

は行

バリューチェーン……102
ビーコン……72
ヒストグラム……54
ビッグデータ……50
標準化……30
プロダクトアウト……29
ブロックチェーン……66
プロトコル……30

ま行

マシンラーニング……57
マスカスタマイゼーション……92
見える化……20・94
無人店舗……79

ら行

ラズベリーパイ……40
ランサムウェア……74

さくいん

数字

5G ……42
５つの壁 ……106

A

AI ……56・58・122・124
Amazon Go ……78
Amazon Robotics ……97
AR ……64

B

Bluetooth ……44

C

CDO ……112
CPS ……13・18・34

D

DB（データベース） ……50

I

IC タグ ……72
IoT ……11・15・34・76・104
IoT 機器 ……40
IoT 技術ロードマップ ……111
IoT ゲートウェイ ……44
IoT 検定 ……110
IoT スキルマップ ……111
IoT 病院 ……84
IoT プラットフォーム ……45・48・76
IT ……14
i コンストラクション ……94

L

LPWA ……43
LTE ……42

R

RFID ……72
RPA ……26

S

SIer ……114
Society5.0 ……28

V

VR ……64

W

Wi-Fi ……30

あ行

因果関係 ……121
インターネット ……10
ウェアラブルデバイス ……70
エッジコンピューティング ……40
エッジデバイス ……40
遠隔治療 ……84
オープンデータ ……119
オンプレミス ……46

高安篤史（たかやす　あつし）

合同会社コンサランス代表。中小企業診断士。早稲田大学理工学部工業経営学科卒業後、大手電機メーカーで20年以上にわたって組込みソフトウェア開発に携わり、プロジェクトマネージャ／ファームウェア開発部長を歴任する。2015年IoT検定の立ち上げに参加し、現在IoT検定制度委員会のメンバー（委員会主査）も務める。また、各種団体のIoT技術アドバイザー他、セミナー講師／コンサルタントなどIoTを中心とした幅広い分野で活躍中。

装幀　石川直美（カメガイデザインオフィス）
装画　Barks/Shutterstock.com
イラスト　村山宇希
本文デザイン　佐野裕美子
編集協力　森公子、岡田直子（ヴュー企画）
編集　鈴木恵美（幻冬舎）

知識ゼロからのIoT入門

2019年4月20日　第1刷発行

著　者　高安篤史
発行人　見城 徹
編集人　福島広司

発行所　株式会社 幻冬舎
〒151-0051　東京都渋谷区千駄ヶ谷4-9-7
電話　03-5411-6211（編集）　03-5411-6222（営業）
振替　00120-8-767643
印刷・製本所　近代美術株式会社

検印廃止

ISBN978-4-344-90337-1 C2095
Printed in Japan
幻冬舎ホームページアドレス　http://www.gentosha.co.jp/
この本に関するご意見・ご感想をメールでお寄せいただく場合は、comment@gentosha.co.jp まで。